自然科学
大图鉴
哺乳动物

[意]切萨雷·德拉皮耶塔/著
[意]玛格丽塔·博林/绘
申倩/译
王传齐/审校

中国出版集团　现代出版社

目录

12

北极和南极
在冰之王国

24

欧洲
**在古老的
低地森林中**

28

欧洲
**在巍峨的
大山脚下**

40

北美洲
在落基山脉的深谷中

34

欧洲
在海与沙之间

北美洲
**在野牛回归的
广阔大草原**

50

54

南美洲
在大河两岸

62

南美洲
在极南的荒凉之地

非洲
在炽热的沙漠中

66

74

非洲
在大平原无边无际的草海上

非洲
在跨越赤道的
森林中心

102

90

非洲
在狐猴之岛

亚洲
在印度半岛的
丛林和沼泽之间

110

98

120

亚洲
在热带雨林的
神秘世界

亚洲
在大陆的狂野中心

142

128

家养哺乳动物
在家中，在户外，
与我们相伴

大洋洲
在这片土地上的
有袋动物

尺寸和图标

这些图标能帮助你更快捷地理解各种动物的体长。通过查看图标着色部分，就能了解对应物种的长度了。
例如，当一只动物旁配有一辆着色一半的电动车时，就意味着这只动物的体长是电动车的一半，约100厘米，
而着色2/3的公交车则约等于800厘米长。

30厘米

200厘米

400厘米

1200厘米

前言

　　在所有动物中，哺乳动物是最令我们感到亲近的类群。这不难理解，因为人类也是哺乳动物。哺乳动物包含与人类最亲近的动物：狗和猫，以及数个世纪前被人类驯化并为人类提供食物和劳力的其他动物，比如牛、马、猪、羊等。

我们通过书籍、纪录片和照片，对野生哺乳动物多少有些了解，比如老虎、狮子、大象、狼、鲸、大猩猩和黑猩猩等。哺乳动物的种类繁多，已知约有5500种，不同种类的外观和行为习惯差别巨大。有生活在泰国森林中体长3厘米左右、体重仅有2克的猪鼻蝠，也有重达130吨的蓝鲸。

哺乳动物分布在地球的各个角落，从冰封的极地到沙漠中心，从茂盛的森林到广阔的大草原。有些是迅猛威武的捕猎者，有些则将快速逃生作为主要的防御手段，有些过着有组织、成员众多的群居生活，有些离群索居独自

行动，有些放弃了陆地生活投奔海洋，有些终年生活在地下，有些演化出了飞行器官……

本书是探索哺乳动物非凡世界的指南。当然，在有限的篇幅中不可能呈现那么繁多的种类。因此，我们计划构建一个从北极到澳大利亚，穿越16个区域的旅程，在每个环境中选取一些典型的、熟知的、令人惊叹和着迷的物种。我们这次旅程的终点是家和农场，因为那里有可爱的宠物和家畜，它们的故事同样值得了解。

现在，请翻到下一页，我们的旅程要开始了！

哺乳动物是谁？它们如何生活？

狮子、老鼠、鲸这些动物外形差别巨大，袋鼠与蝙蝠也一点都不像。不过，它们都是哺乳动物，我们人类也是哺乳动物。那么，我们与哺乳动物到底有什么相通之处呢？

答案其实就来自"哺乳动物"这个词本身。事实上，所有哺乳动物都有一种特别的腺体，被称为"乳腺"。雄性仅仅是长有乳腺，而雌性则通过乳腺分泌乳汁，以便喂养幼崽儿（图1）。在所有动物中，只有哺乳动物用乳汁喂养幼崽儿。

此外，哺乳动物还通过肺部呼吸，即便是终年生活在海洋中的哺乳动物，比如鲸和海豚，也必须定期浮上水面呼吸（图2）。

最后，哺乳动物是恒温动物，它们会将从食物中获取的一部分能量用于产生热量和维持体温稳定。无论外部温度如何改变，恒温动物的体温始终保持恒定。如果太冷，则会消耗部分热量。

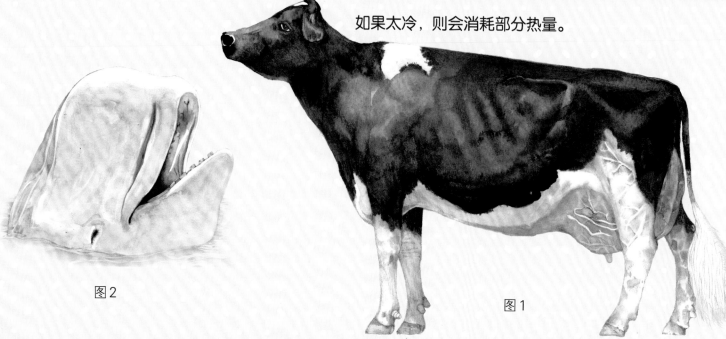

图2

图1

这是哺乳动物共同的3个特点。哺乳动物根据生育方式可以分为3个大类。

真兽亚纲别称为"有胎盘亚纲"，指的是胚胎在母体内发育，被包裹在名为胎盘的特殊袋子里。幼崽儿出生后在窝里或洞穴里成长，依靠高草或灌木丛掩护身体。一些幼崽儿出生后几分钟即可跟随母兽行动（图3），一些幼崽儿趴在母兽背上，或是抓住母兽的腹部（图4）移动。真兽亚纲有5000个不同物种，超过2/3属于啮齿类和蝙蝠类（图5）。

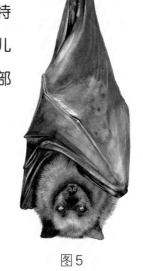

图5

图4

图3

第二类是后兽亚纲的有袋类动物，它们的特点是有育儿袋，即位于雌性腹部的育儿器官。胚胎在宫腔内并未完全发育成熟，幼崽儿出生后需要待在育儿袋中，直到完全发育成熟。世界上有近300种有袋类动物，大部分生活在澳大利亚大陆和新几内亚岛，少数生活在南美洲。

图6

第三类是原兽亚纲的单孔目哺乳动物，它们不是胎生，而是卵生。世界上现存的单孔目哺乳动物仅有3种，只分布在澳大利亚大陆和新几内亚岛（图7）。

图7

基本型和变型

典型的哺乳动物不仅体表有皮毛，还有4条腿和1条尾巴。很多物种的身体器官都进化出了能够适应居住环境的特点和功能。

毛发能够在体表形成一层浓密的体毛覆盖身体（图1），有些动物身体某些部位并不长毛（图2）或者体毛稀疏，例如犀牛（图3）。也有体毛完全退化，生活在水中的哺乳动物（图4）。有些动物的皮毛已经转变成针刺，成为防御武器（图5）。还有一些动物的皮毛变成了坚硬的盔甲，可起到防护作用（图6）。

图1

图2

图3

图5

图6

图4

图 7

鲸类（鲸鱼和海豚）的前肢已经变成了鳍状肢，后肢则退化消失了（图7）。海豹、海象和海狮仍然有后肢，所以它们能在地面上笨拙地爬行（图8）。而蝙蝠的前肢脚趾则演变得超长超大，其间长出翅膀一样的皮肤膜，使之可以飞翔（图9）。

图 8

图 9

哺乳动物的脚也呈现出明显的多样性。它们通常有5根脚趾，但1根或几根脚趾会消失或退化，趾甲变厚、变硬并保护整只脚。像牛、羚羊、瞪羚和猪这类动物的脚就是立在2根或3根非常发达的脚趾和蹄上的（图10）。而马科动物，比如马、驴和斑马，是将身体全部重量分别落到四肢的1根脚趾上，这根被称为"蹄"的脚趾非常坚硬（图11）。一些在水中度过大部分时间的物种有着蹼化的四肢，以便在水中游泳（图12），还有些物种的爪很发达，有助于在土中挖掘（图13）。灵长类（狐猴和猴子）是特例，它们的手上有大拇指，脚上的第一根脚趾非常灵活，可以与其他4趾对握，以便抓握和搬运物品（图14）。

图 14

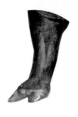

图 10 　　　　　　图 11 　　　　　　图 12 　　　　　　图 13

9

图15

几乎所有的哺乳动物都长有尾巴。有的尾巴很长，以便在奔跑和跳跃时保持平衡（图15）；有的尾巴强劲有力，一些猴子可以将尾巴当作另一只"手"攀缘在树枝上（图16）；有的尾巴缩短到极致，甚至完全消失，就像我们人类（图17）；而水中的鲸类则演化出强而有力的巨大鲸尾（图18）。

图16

图17

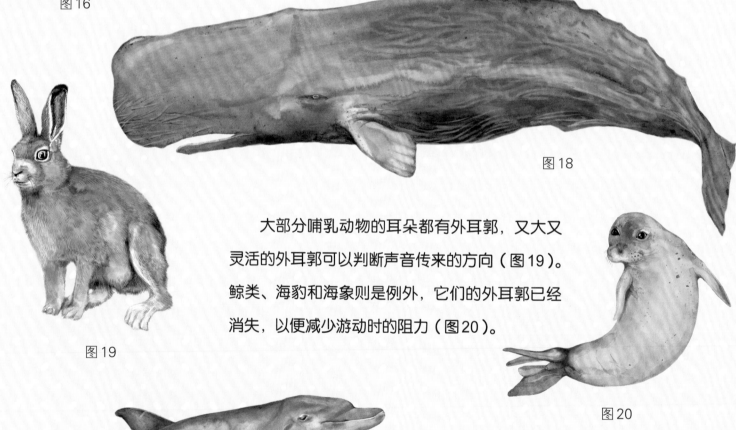

图18

图19

大部分哺乳动物的耳朵都有外耳郭，又大又灵活的外耳郭可以判断声音传来的方向（图19）。鲸类、海豹和海象则是例外，它们的外耳郭已经消失，以便减少游动时的阻力（图20）。

图20

图21

大多数哺乳动物拥有较大的脑容量和非常高效的神经系统。一般来说，最发达的感觉器官为嗅觉和听觉。一些哺乳动物，例如人类，最敏锐的感官为视觉。一些物种演化出非常特别的机制，例如鲸类和蝙蝠可以像雷达一样发出超声波，以便识别障碍物或猎物（图21）。

哺乳动物的牙齿多种多样。狮子、老虎、狼和许多其他肉食性哺乳动物，无论大小，都有一口尖利的牙齿，以便快速杀死猎物并将其撕碎（图22）。食草动物则生出非常耐磨的扁平牙齿，以便研磨最坚韧的植物。啮齿类动物有大的切牙，牙齿会持续生长以补充磨损的部分（图23）。那些没有牙齿或牙齿很小的物种，就会长出又长又黏的舌头，这是捕捉蚂蚁和白蚁的理想工具（图24）。有的犬齿会一直生长，变成长长的獠牙（图25），这是一种用于自卫或与同族其他雄性发生冲突时使用的武器，也用于展示自己的强势。这与包括牛、羚羊、鹿和瞪羚在内的许多物种头上的角的功能相似（图26）。

图22

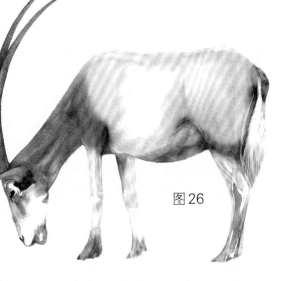

图26

图25

图24

图23

以上是哺乳动物的一般特征。现在我们可以开始近距离地认识和了解它们的旅程了。每一个遇到的物种都配有一幅彩色画像，并有一段简短的文字来介绍它的体形及分布情况。在一些物种的名字旁，你还会看到一个多彩的标志，即该物种的"状态"，包括生存状态。世界自然保护联盟（首字母缩写为IUCN）致力于了解每个物种的生存状态，并评估其生存受到威胁的严重性。如果物种生存没有特别的问题，其状态被定义为无危（LC）；如果物种种群减少，则其状态会变为近危（NT）、易危（VU）、濒危（EN）和极危（CR），以及灭绝（EX）。在生存受到威胁的物种名称旁，我们将其状态特别用带颜色的字母标注出来，你们会发现许多哺乳动物都处于危险甚至极端危险的状态中。

最后需要说明的是，每一种动物都有中文名和学名。学名由两个单词组成：第一个表示大类，同一类别的动物学名首单词相同，第二个单词代表特定物种。例如，狮子和老虎都属于猫科动物，其对应的学名分别为 *Panthera leo* 和 *Panthera tigris*。学名采用的都是拉丁语，这是过去所有学者使用的语言。学名非常重要，它可以方便人们分类出每一个特殊物种。而每一个物种在日常使用的语言中，可能会有不同的俗称。

北极和南极

在冰之王国

　　北极和南极分别位于地球北部和南部的极端，是终年被冰雪覆盖的寒冷王国。在北极，海水全年结冰，其围绕的陆地只有很短的夏季。在南极，南极大陆比欧洲的面积还大，冰川覆盖着整个大陆，有的冰川甚至高达千米。环绕着两极的冰冷水域内富含食物，在这里生活的哺乳动物用厚厚的脂肪抵御严寒，比如白鲸和其他鲸类、海豹和海象等。南极洲没有陆地哺乳动物，在北极则生活着北极熊（图中）、驯鹿和一些小型啮齿动物。它们无一例外全都身披厚厚的皮毛，以抵御终年的寒冷。

1. 海象 (*Odobenus rosmarus*) VU

海象与海豹、海狮一样，四肢都已经退化为鳍状，以便适应水中的生活。它们成群结队地生活在岛屿或浮冰上，在水中进食，主要食物为软体动物和其他小型海洋生物。像小胡子一样的刚髭能帮助它们识别猎物，而它们微弱的视力几乎派不上什么用场。雄性的獠牙（上犬齿）很长，用来掘取软体动物和支撑身体，同时还可作为强大的防御武器。

体长：雄性320厘米，雌性270厘米

体重：雄性1200～1500千克，雌性600～850千克

分布：北冰洋和周围的陆地

> 海象的獠牙可以长到90厘米长。

1

320厘米

2. 带纹海豹 (*Histriophoca fasciata*)

带纹海豹的名字源于其皮毛的花纹，这是与其他海豹的区别所在。带纹海豹的黑色皮毛上有4条宽大的白色带纹，分别环绕在颈部、前后肢和臀部。它们成小群地生活在冰带边缘，捕食深海鱼类、甲壳类和头足类动物。它们也会栖息在薄冰上，以躲避其他食肉动物。幼兽在冰上出生，其哺乳期为4～6个星期。

体长：165～175厘米

体重：72～90千克

分布：北冰洋和北太平洋

> 带纹海豹可以潜入600米深的海中。

2

175厘米

捕食时能够潜入150 ~ 200米深的海中。

3. 竖琴海豹（*Pagophilus groenlandicus*）

竖琴海豹在意大利语中也被称为"马鞍海豹"，因为它们明显的黑色条带在背部形成了许多鞍纹。它们生活在冰川边缘的浮冰上，主要以鱼类为食，很少会来到陆地上。幼兽在冰上出生，出生后的第一周会长出非常柔软的白色皮毛，它的哺乳期只有十几天，之后便要开始独自生活了。在皮毛变得能防水之前，它只能待在冰上。皮毛长好后，就可以潜水和捕猎了。

体长：168 ~ 190厘米

体重：120 ~ 135千克

分布：北冰洋和北大西洋

190厘米

北极熊是最大的陆生食肉动物。

4. 北极熊（*Ursus maritimus*）VU

北极熊也被称作"白熊"，是生活在浮冰上的大型陆生食肉动物。北极熊厚密的皮毛虽然看起来是白色的，但事实上这些毛是无色的空心毛，因为反射阳光而呈现白色。北极熊最常用的捕猎方式是潜伏着等待海豹从浮冰裂缝中浮出来透气，随即快速抓捕，当然它也会下水觅食，其猎物包括鲸类，例如一角鲸和白鲸，以及海象。北极熊能够游数百千米以搜寻一个理想的狩猎场。雌性一胎产2 ~ 3只幼崽儿，并在雪地里挖出的洞穴中抚养孩子，它会哺乳4 ~ 5个月，其间自己不离巢也不进食。

体长：雄性240 ~ 300厘米，雌性180 ~ 200厘米

体重：雄性350 ~ 800千克，雌性150 ~ 300千克

分布：北冰洋及周边地区

300厘米

雄性虎鲸的大三角背鳍可达2米长。

5 975厘米

5.虎鲸（*Orcinus orca*）

虎鲸是一种大型鲸类，身体呈锥形，具有特征性的黑白体色，背部竖着大三角背鳍。虎鲸是强大的捕食者，能够捕捉包括鲨鱼在内的大型鱼类、企鹅、海豹、海狮、海豚，甚至鲸鱼。作为高度社会化的动物，几十头虎鲸构成一个家族群体，分工合作进行狩猎。特别是在捕猎大型猎物时，团队会通过多种声音和哨声进行交流。每个家族使用的声音并不相同，就好像有着自己的方言。

体长：700～975厘米

体重：7.2吨

分布：整个海洋，更喜欢北极和南极的寒冷水域

7 1800厘米

豹形海豹唯一的天敌是虎鲸。

6.豹形海豹（*Hydrurga leptonyx*）

豹形海豹是一种大型海豹，具有修长的身体和巨大的头部，并长有强有力的牙齿。它的名字既说明它长有带斑点的毛皮，也显示出它作为掠食者的超凡能力。它大部分时间都在水中度过，游泳时敏捷迅速，但它来到冰上时，却只能笨拙地移动。磷虾等小型甲壳类动物是它的主要食物，它也会捕猎企鹅和其他海鸟，以及幼海豹和幼海狮。

体长：300～380厘米

体重：300～500千克

分布：南极周围的浮冰区

6 380厘米

7.南露脊鲸（*Eubalaena australis*）

　　南露脊鲸生活在南半球的寒冷水域中。与它相似的物种——北大西洋露脊鲸——则生活在北极水域中。南露脊鲸身体敦实，没有背鳍。头部的尺寸占全身的1/4，嘴形成了特征性的弓形。它没有牙齿，但是有数百个长达3米的鲸须板，用来过滤海水时保留它赖以为生的小型海洋动物。它曾是被捕猎最多的鲸类，人们从它身上获取鲸油和鲸肉，这导致它一度濒临灭绝。1937年签署的一项国际协议禁止对南露脊鲸的捕捞，现在这个物种似乎正在缓慢地恢复。

体长：1600 ~ 1800厘米

体重：36 ~ 70吨

分布：南极附近的海域

南露脊鲸头顶上粗糙的白色硬茧各不相同，就像我们的指纹一样独一无二。

620厘米

一角鲸的牙齿是所有动物中最长的，长度可达3米。

8.一角鲸（*Monodon monoceros*）

　　一角鲸属于中型鲸类，分布在地球最北端的寒冷海水中。一角鲸只有2颗犬齿，雄性（雌性极少）左侧的犬齿会刺穿嘴唇，在整个生命周期中不断长长。我们并不清楚这样的生长机制有何用处，已知的资料显示，有时候一角鲸会用这颗犬齿迷惑猎物。一角鲸以鱼类和鱿鱼为食，捕猎时能够潜至1500米的深海中。

体长：360 ~ 620厘米（不包括牙齿）

体重：900 ~ 1600千克

分布：北极、极地圈以北

海中金丝雀

白鲸被视为最"滑稽"的鲸类。它的音域极广，能发出歌唱声、口哨声、近似某些鸟类的鸟鸣声……因此，白鲸也被称为"海中金丝雀"。它们是非常善于交际的动物，会形成大群，并通过发出音乐般的声音保持沟通。

460厘米

耗时5年的"变白工程"

刚刚出生的小白鲸已经可以在妈妈身旁游泳了，但刚出生的时候它的皮肤是灰色的，大约长到5岁时，才会变成白色。

虽然有牙齿，但都太小了

白鲸属于齿鲸，意为"长牙齿的鲸鱼"。但它的牙齿实在太小了，也不够尖利，不适合撕开猎物。因此，这类鲸鱼会捕捉鱼类、章鱼和鱿鱼，然后全部吞下去，用强力吸吮来挤压猎物。

白鲸主要生活在沿海水域，偶尔游入大河的河口。

9. 白鲸（*Delphinapterus leucas*）

白鲸的皮肤为乳白色，躯干粗壮，呈圆柱形，没有背鳍。它的头又大又圆，上有带回声定位的海绵状组织额隆，能够发出被鲸类识别的声波，用以探测障碍物和猎物。雄性和带幼崽儿的雌性通常组成不同的群体，但在食物充沛的海域它们也会组成大群，有时候甚至可以聚集上千头形成白鲸群。

体长：300～460厘米　体重：1.35～1.5吨

分布：加拿大、阿拉斯加、格陵兰岛和俄罗斯沿岸的北大西洋和太平洋地区

10. 貂熊（*Gulo gulo*）

貂熊生活在美国、欧洲和亚洲的寒带地区。它是凶猛的捕猎者，有尖利的牙齿和锋利的爪子，能够战胜体积比它大4~5倍的猎物。貂熊极富攻击性，甚至可以驱赶走一只熊或一群狼，以抢夺猎物。它是独行动物，雄性和雌性分别占据广阔的区域以便捕猎，只有在繁殖期才会短时间聚在一起。

体长：65~105厘米，尾长13~26厘米

体重：9~13千克

分布：美洲北部和欧亚大陆北部

11. 驯鹿（*Rangifer tarandus*）VU

驯鹿是鹿科下属的有蹄类动物，与其他鹿科动物一样，驯鹿头上也有角。驯鹿角的结构类似于牛角，不同之处在于驯鹿角每年都会脱离，来年再长出新角。与其他鹿科动物不同的是，雌性驯鹿也会长角，只不过雄性的角更为发达。驯鹿生活在苔原上，形成许多鹿群。生活在偏北的鹿群在秋天会长途迁徙到气候更温和、食物供给更充沛的地区。

体长：150~230厘米

体重：55~250千克

分布：北极周围所有土地

貂熊的牙口极好，可以嚼碎骨头。

10

105厘米

为圣诞老人拉车的便是家养的驯鹿，这在近北极的国家很常见。

11

230厘米

12.北极狐（*Vulpes lagopus*）

北极狐分布在北极周围的所有地区。由于适应能力超强，即使在非常寒冷的冬季，也能继续生存下去。它的皮毛十分厚实柔软，耳朵小且腿短，能减少体温的损失，脚底也覆盖着皮毛，以便在行走时更好地隔离雪和冰。为了隐藏踪迹，皮毛的颜色会随季节变化，夏季为棕色，到了冬季则变为白色。北极狐是机会主义捕食者，以小动物、鸟蛋、雏鸟、浆果和动物尸体为食。它会把食物储藏起来以应对严冬，并会跟随北极熊以捡获其吃剩的食物。

体长：40～68厘米，尾长30厘米

体重：雄性3～5千克，雌性2～3千克

分布：亚洲、欧洲和美洲的极北地区，北极岛屿上

在所有哺乳动物中，北极狐的皮毛保暖效果是最佳的。

12　68厘米

13.旅鼠（*Dicrostonyx groenlandicus*）

旅鼠是小型啮齿动物，具有结实的身体和厚实的皮毛。北部的旅鼠生活在苔原上，并能全年生活在此。它会在土地和雪中挖隧道，有的隧道可以长达6米，隧道末端是塞满草的巢穴，幼崽儿在这里出生。雌性旅鼠最早40天大就可繁殖了，每年能产3窝，每窝能产10多只幼崽儿。因此，旅鼠的种群数量经常发生周期性变化，有些年份它们的数量剧增，然后因为食物短缺又会急剧下降。

体长：10～16厘米，尾长1～2厘米

体重：30～112克

分布：阿拉斯加北部，加拿大北部，北极岛屿和西伯利亚

旅鼠是少数几种冬季皮毛变得全白的啮齿类动物。

13　16厘米

牛角墙

麝牛是一种体形庞大的动物，它无法依靠速度逃脱北极熊或狼群的攻击。为了保护自己，特别是保护最易受到攻击的小牛，它们采取了一种特别的策略：如果遇到单独的攻击者，成年麝牛会密密地排成一行，把小牛挡在后面；若遇到成群的袭击者，它们则会围成一个圈，把小牛保护在圈内。天敌们面对厚厚的牛角墙时，只能无奈地放弃进攻。

14 🚗 250厘米

14.麝牛（*Ovibos moschatus*）

　　麝牛栖息在北方树木线以北的苔原上，几十只成一群落。尽管名叫麝牛，外貌看起来也是牛的样子，但它与山羊的亲属关系更为接近。它的躯干巨大且强壮，腿短，雌雄两性的大头上都长角。它的角长在额头上，形成一块板骨，雄性的角通常为12～15厘米长。它会用角进行打斗，以确立群落内部的主次地位。它身披厚毛，毛长且粗，这道屏障能抵御风雪侵袭。厚毛下面还长了一层非常柔软的底毛，冬季起到保暖的作用。底毛一般在秋天开始长出，在春天褪去。

体长：雄性200～250厘米，雌性135～200厘米

体重：雄性300～400千克，雌性180～275千克

分布：阿拉斯加、加拿大和格陵兰岛，挪威、俄罗斯、西伯利亚有引进种群

麝牛贴身的细毛被称为"麝牛毛"，其保暖性是羊毛的8倍左右。

欧洲
在古老的
低地森林中

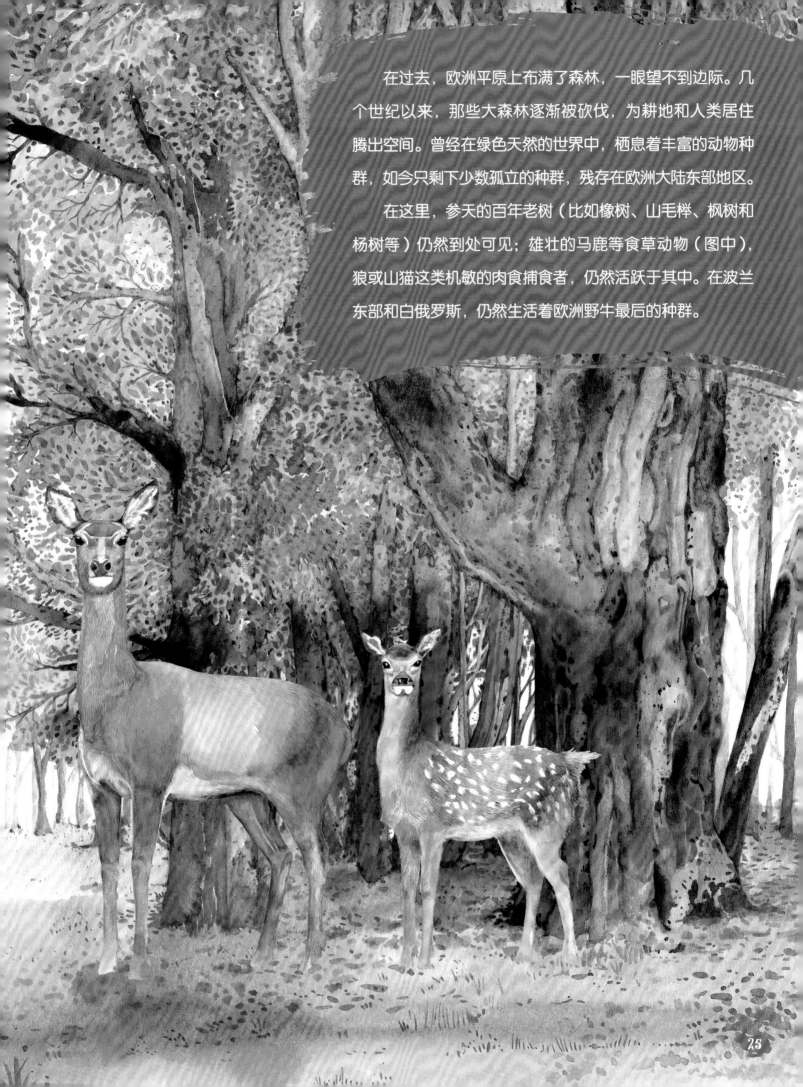

在过去，欧洲平原上布满了森林，一眼望不到边际。几个世纪以来，那些大森林逐渐被砍伐，为耕地和人类居住腾出空间。曾经在绿色天然的世界中，栖息着丰富的动物种群，如今只剩下少数孤立的种群，残存在欧洲大陆东部地区。

在这里，参天的百年老树（比如橡树、山毛榉、枫树和杨树等）仍然到处可见；雄壮的马鹿等食草动物（图中），狼或山猫这类机敏的肉食捕食者，仍然活跃于其中。在波兰东部和白俄罗斯，仍然生活着欧洲野牛最后的种群。

1.西方狍（*Capreolus capreolus*）

西方狍是一种修长的小型鹿类，腿长且细，尾巴非常短。体色是红棕色，在冬天时会变得更灰，使得颈部的斑点和尾部的一撮白毛显得更明显。雄性的鹿角较短，分三叉，每年脱落并重新生长一次。西方狍首选的栖息地是稠密的树林，林子周围有被大草原和耕地包围的灌木丛。白天它躲藏在林中，日落后出没，以草、嫩叶和芽为食。

体长：105～126厘米

体重：22～30千克

分布：欧洲

雄性狍子用角摩擦小树的树干以标记领地，小树的树皮经常被全部蹭掉。

1

126厘米

雄性野猪的獠牙即使在嘴闭上时也能被看到。

2.野猪（*Sus scrofa*）

野猪的体格十分强壮，腿粗短而头大，头几乎占据了整个体长的1/3。吻部突出似圆锥体，顶端为圆盘状的软骨垫，用于翻拱地面以寻找食物。雄性野猪的体形更大，肩部和颈部毛发浓密，冬天时会在脖子上形成一圈鬃毛。它有长且尖的犬齿，上犬齿向上生长。它喜欢生活在树林中，但也时不时到田间觅食。它喜欢吃橡子、板栗、植物的块茎和根，也会吃昆虫和小动物。野猪是家猪的祖先（详见第154～155页）。

体长：120～200厘米

体重：雄性80～200千克，雌性60～150千克

分布：欧洲和亚洲中部及南部，美国和澳大利亚有引进种群

2

200厘米

3.猞猁（*Lynx lynx*）

猞猁也叫"欧亚猞猁"，是4种猞猁中体形最大的，也是欧洲的第三大森林捕猎者，仅次于棕熊和狼。它的身体修长，腿也长，皮毛上分布着黑色斑点。它是夜行动物，喜欢在夜间伏击小狍子、野兔和鸟类。它栖息在当前非常稀有的浓密森林中，过着离群索居的生活。幼崽儿会与母亲共同生活几个月，在学习好如何捕猎后便会离开去寻找自己的领地。猞猁种下属的伊比利亚猞猁（*Lynx pardinus*）如今数量十分稀少，仅分布在西班牙和葡萄牙，它体形较小，皮毛十分丰密。

体长：70～130厘米

体重：18～36千克

分布：斯堪的纳维亚、东欧和中亚

3

130厘米

猞猁的耳朵和脸颊上各有一撮毛。

4. 马鹿（*Cervus elaphus*）

马鹿也被称为"红鹿"，是一种体格强壮、行动敏捷的大型鹿类。夏季毛色呈红褐色，冬季呈偏灰的暗红色。雄性马鹿有着巨大的鹿角，每到繁殖季节鹿角就会脱落，而在来年的春季又会重新长出，新长的鹿角变得更大、分叉也更多。平日里，雄性马鹿会聚为小群；夏末时，雌性会加入并与雄性结为伴侣。马鹿用强有力的吼叫声相互挑战，以显示自身的力量。如果吼叫还不足以令较弱的个体自行离开的话，竞争对手们会用角对角的方式进行决斗。

体长：雄性175～250厘米，雌性160～210厘米

体重：雄性160～240千克，雌性120～170千克

分布：欧洲、北非和亚洲，北美、阿根廷、澳大利亚和新西兰有引进种群

成年雄性马鹿的鹿角重达23千克。

5. 欧亚红松鼠（*Sciurus vulgaris*）

欧亚红松鼠是一种小型啮齿动物，它一生都在树上度过，每天敏捷地在树枝间上蹿下跳，从一棵树跳跃到另一棵树。它的皮毛颜色较多，从红棕色到黑褐色到几乎全黑皆有。它白天活跃，用树枝筑成球形巢穴。它的门牙很结实，主要以核桃和榛子为食，还喜欢吃山毛榉、橡子、蘑菇和松子。它会把食物埋在地下以供冬季食用，这客观上也有助于森林的成长，因为被遗忘的种子会生根发芽长出新树木。

体长：18～25厘米，尾长14～20厘米

体重：600克

分布：欧洲和亚洲北部

欧亚红松鼠蓬松的尾巴能帮助它在树枝上移动，并在跳跃时保持平衡。

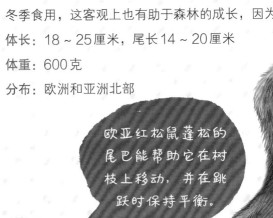

250厘米

25厘米

狗獾会和狼共用洞穴。

90厘米

6. 狗獾（*Meles meles*）

狗獾体形肥壮，腿部短小而健壮，挖洞而居。它有灰色的蓬松皮毛，腿部和腹部呈黑色，头部黑白相间。它是夜行动物，可以离群索居地生活，也可以在多达20个成员的群体里过群居生活。它居住在复杂的洞穴中，内有多个房间并有数个出口。冬季，它会减少活动，但不会冬眠。它是杂食性动物，蚯蚓是它最喜欢的食物，昆虫（尤其是黄蜂）和小型动物、果实和谷类也包含在它的食谱内。

体长：56～90厘米，尾长11～20厘米

体重：雄性9～16.7千克，雌性6.6～14千克

分布：欧洲和亚洲

欧洲　在巍峨的大山脚下

阿尔卑斯山是欧洲最长的山脉。它绵长超过1000千米，有数百个海拔超过3千米的山峰，超过4千米的高峰有82座。随着海拔高度的变化，环境面貌也随之大不相同。从树林到大草原，从岩石和卵石地面到最高海拔处寸草不生之地。在一定的海拔高度以上，冬季寒冷多雪，只有生命力极为顽强的动物才能生存。有些动物会在地下洞穴内冬眠（比如土拨鼠），而另一些动物却仍能依靠极少的食物继续保持活跃。陡峭山坡上的王者无疑是羱羊（见图），这种有蹄类动物长着表面粗糙的弯角。秋天，雄性羱羊为了确立自己的领地和地位，会用角与竞争者进行决斗，此时常能听到角撞击时发出的干涩的声音。

土拨鼠会发出尖厉的叫声示警，然后立刻躲进洞穴。

58厘米

1.土拨鼠（*Marmota marmota*）

土拨鼠是体格健硕的啮齿动物，头又圆又大，门牙突出，尾巴短，短粗的四肢配有尖利的趾甲，尾巴在啮齿动物中属于中等长度。阿尔卑斯山地的土拨鼠生活在树木线以上的开阔大草原上。它终年生活于此，在土里挖掘出很深的巢穴，内部有多个地道交织，并与地面上的数个出口相通。从春季到秋季，土拨鼠都会尽量多地进食，堆积脂肪以备冬眠时消耗。它通常冬眠在地下深处的巢穴里，那里塞满了干草木。

体长：50 ~ 58厘米，尾长14 ~ 19厘米

体重：3 ~ 4.5千克

分布：阿尔卑斯山和喀尔巴阡山脉，比利牛斯山脉的土拨鼠种群是绝种后重新引进的

2.岩羚羊（*Rupicapra rupicapra*）

岩羚羊生活在树林线的上限处。夏季，它会到海拔更高的山地草地上觅食，冬季则会下行到海拔更低的树林中，因为这里的积雪没那么深，且可以寻找到地衣、苔藓和针叶树的枝条作为食物。成年雌性和未成年的岩羚羊成群生活，成年雄性则独自活动，只有在繁殖的秋季才会加入羊群。发生危险时，它会躲在最陡峭的岩石上，在其间敏捷地跳跃移动。雄性和雌性岩羚羊都长有短角，末端呈钩形。比利牛斯山脉有一种名为比利牛斯臆羚的特有物种，其亚种生活在亚平宁山脉。

体长：110 ~ 135厘米

体重：雄性32 ~ 45千克，雌性22 ~ 32千克

分布：阿尔卑斯山和欧洲其他山脉

135厘米

曾有人在接近勃朗峰峰顶的地方（海拔4750米）观测到岩羚羊。

3. 羱羊（*Capra ibex*）

　　羱羊体格强壮，生活在高山中，几乎终年待在高海拔森林线以上的地区。虽然它的个头大，但在最陡峭的岩石上移动时也能保持灵巧敏捷。雄性比雌性体形更大、体重更重，头上顶着一对向后弯曲的大羊角，羊角的正面有一道道凸起的环纹，雌性的羊角要小得多。雌性和未成年的羱羊组成小群，而雄性则独自生活或成小群生活，只有在冬季繁殖期时才会与雌性配对结伴。

体长：120～140厘米

体重：雄性80～100千克，雌性30～50千克

分布：除了阿尔卑斯山外，还在亚洲中部的一些山脉上也有分布

通过数羊角上的环纹，便能知道羱羊的年龄。

3　140厘米

4. 欧洲雪田鼠（*Chionomys nivalis*）

　　欧洲雪田鼠是生活在阿尔卑斯山高山草原树林线以上的啮齿动物。毛色灰暗，尾巴的颜色更淡。它习惯在夜间活动，以草、芽、种子和浆果为食。它会用干草和树叶在巨石之间搭窝，并在此处喂养幼崽儿。冬季，它仍然在积雪下活动，以天气好时储备的干草叶为食。

体长：11～14厘米，尾长5～7.5厘米

体重：28～57克

分布：南欧和东欧、土耳其

欧洲雪田鼠会在跑动时挺直尾巴，以便保持平衡。

4　14厘米

一季一套衣服

哺乳动物演化出多种对环境的适应能力，比如生活在高海拔、冬季被白雪覆盖的地区的哺乳动物们，它们会在冬季换上接近环境的毛色，以躲避天敌的追踪。生活在阿尔卑斯山的白鼬和雪兔都采用了该策略。这两种动物在夏季身披棕色皮毛，而随着冬季的到来，它们开始换毛，以白色代替棕色。对于从天空俯瞰地面的掠食者金鹰来说，要看清在雪地里移动的白色猎物是非常困难的。反之，棕色的毛色有利于在夏季同环境融为一体。

61厘米

冬季毛色

夏季毛色

当雪兔停在雪地上一动不动时，基本上无法发现它。

5.雪兔（*lepus timidus*）

雪兔与普通野兔相似，但体形略小，身体更紧实，耳朵也更短。夏季，它的毛色呈灰褐色，在10月至次年2月期间，毛色变为白色，之后再恢复原本的颜色。它是独居动物，即使是幼崽儿，一旦断奶也会离开母亲。它以草、浆果和蘑菇为食，冬季还会吃树枝、树皮、植物的根和地衣。它在夜间活动，白天则在树荫或大树根下休息。在雪上行走时，其后脚会留下明显的足迹，因此在停下来休息前，雪兔会向旁边猛地一跳，以迷惑可能出现的掠食者。

体长：43～61厘米

体重：1.4～4.7千克

分布：阿尔卑斯山、欧洲和亚洲北部

冬季毛色

夏季毛色

33厘米

6.白鼬（*Mustela erminea*）

　　白鼬身体非常修长苗条，腿短，这种身体结构方便它在捕捉啮齿动物时能钻进石头之间或洞穴里。它的皮毛颜色为巧克力棕色，夏季下腹部发白，到了冬季则全身毛发变为白色，在换毛的更替季节，身上会出现白色和棕色斑点。不过，它的尾巴末端始终保持黑色。它是独行动物，主要在夜间狩猎，捕捉小型啮齿动物、雪兔和小鸟。

体长：17～33厘米，尾长4.2～12厘米

体重：雄性67～116克，雌性25～80克

分布：欧洲北部、亚洲和美洲，新西兰有引进种群

白鼬一刻不停地活动，一晚上能跑15千米。

更替季节毛色

欧洲 在海与沙之间

34

　　地中海是一个封闭的海洋，几乎完全被大陆包围，海中点缀着许多岛屿，包括西西里岛、撒丁岛、科西嘉岛和克里特岛等大岛屿。栖息在此的哺乳动物既包括海洋动物，也包括陆生动物。地中海上航线繁忙，海岸人口众多，特别是在夏天，海滩上聚集了数以百万计的度假游客。尽管如此，地中海内仍然生活了数量众多的鲸类，包括巨大的抹香鲸、宽吻海豚（见图）和现在非常稀有并处于灭绝危险中的地中海僧海豹，这类海豹生活在悬崖下的洞穴中。陆生哺乳动物则分布在沿岸树林和灌木丛中，包括赤狐和斑獴、野兔，以及啮齿动物，比如豪猪。

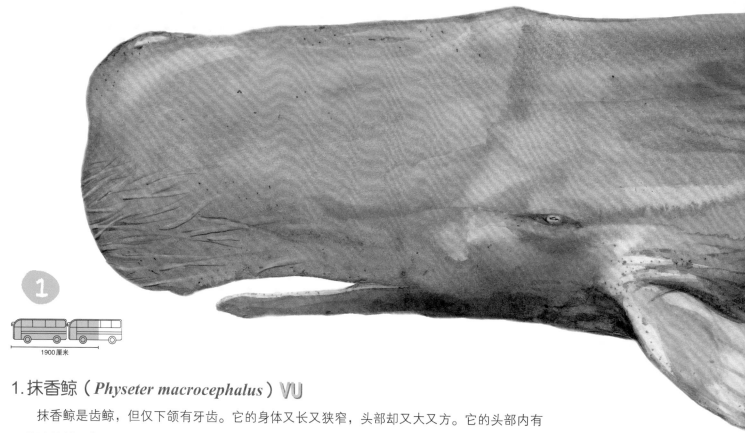

①
1900厘米

1. 抹香鲸（*Physeter macrocephalus*）VU

　　抹香鲸是齿鲸，但仅下颌有牙齿。它的身体又长又狭窄，头部却又大又方。它的头部内有一种油性蜡质物质，被称为"抹香鲸脑油"，在过去曾备受追捧，因为价值极高，由此引发的猎杀几乎将抹香鲸赶尽杀绝。它没有背鳍，但有一列类似于小驼峰的突起。雄性体积很大，几乎为雌性的2倍。雄性单独生活，而雌性带着未成年幼崽儿成群活动。它的食物包括鱿鱼、章鱼和大型鱼类（比如鲨鱼）。它可以潜至超过2千米深度的深海中，并在水下待1个多小时再浮出水面呼吸。

体长：1400 ~ 1900厘米

体重：35 ~ 50吨

分布：所有海洋中，在温带或热带水域更常见

睡觉时睁一只眼闭一只眼，每5 ~ 10分钟变换一次。

③
240厘米

2. 地中海僧海豹（*Monachus monachus*）EN

　　地中海僧海豹是一种大型海豹，体色为均匀的棕色，腹部毛色较浅。它生活在开阔的水域，以鱼类、甲壳类和软体动物为食，能够潜水至数十米的海中，生育幼崽儿时需要觅得隐蔽的小沙滩或不受干扰的海蚀洞穴。地中海的此类地区已经越来越受到旅游业的入侵，加之渔民的捕鱼行为和海水被污染程度加剧，都将该物种推向濒临灭绝的境地。据估算，地中海僧海豹现存数量只有约700只。

体长：200 ~ 260厘米

体重：250 ~ 315千克

分布：地中海、黑海、西非和北非洲沿海

头圆如僧侣，眼睛很大，胡须刚硬。

②
260厘米

抹香鲸头部重达9吨，是哺乳动物中最大的。

宽吻海豚是海豚中最常见的一种，有时还会和海中沐浴者一起游泳。

4
380厘米

3. 短吻真海豚（*Delphinus delphis*）

短吻真海豚是海豚家族中最小最多彩的一种。它的背部呈深灰色，腹部则为白色或奶油色。它的身体两侧有独特的沙漏形背斑，颜色介于米色和灰色之间。吻突长而窄，背鳍中等大小，呈三角形。它喜欢海岸附近的水域，对人友善，常组成数量庞大的群体，有时甚至上千只聚集到一起活动。它还喜欢逐浪而行，跟着船尾激起的浪花游动，有时甚至能达数小时之久。

体长：150 ~ 240厘米

体重：100 ~ 136千克

分布：地中海、大西洋和太平洋

4. 宽吻海豚（*Tursiops truncatus*）

宽吻海豚是一种大型海豚，经常在海岸附近出没。它的皮肤光滑无毛，身体呈锥形，背部中央有高弓形的背鳍。它的头部形状特别，前额有明显的隆起，吻突较短。宽吻海豚是一种非常善于交际的鲸类动物，通常会成群结队地活动，群体里包括带着幼崽儿的雌性、年轻的海豚或成年的雄性。它能够发出较高的哨声，并使用声波定位障碍物和猎物，特别是鱼类。每只宽吻海豚都有自己独特的哨声，仿佛是一种签名，以便同伴识别自己。

体长：230 ~ 380厘米

体重：260 ~ 500千克

分布：广泛分布于海洋的浅水区

5. 大斑麝（*Genetta tigrina*）

大斑麝是一种敏捷的食肉动物，身体又长又细，腿相对较短，而尾巴很长。乳白色或黄褐色的皮毛柔软细密，上有黑色块斑。它的尾部有数条黑色环纹，环间呈黄白色。它生活在干旱灌木丛中，夜间活跃，狩猎小动物，尤其是啮齿动物和鸟类，以及大型昆虫和蜥蜴。它非凡的敏捷性和修长的身段方便其爬入非常狭窄的空间。

体长：50 ~ 60厘米，尾长40 ~ 48厘米

体重：1 ~ 3千克

分布：南欧、北非

5

60厘米

大斑麝吻部较长，耳朵较圆。

遇到危险时，穴兔会用宽大的后脚板拍击地面示警。

6

50厘米

6. 穴兔（*Oryctolagus cuniculus*）EN

穴兔是一种身体紧实的啮齿动物，长着长长的耳朵。它的体色是棕色，尾巴很短，腹部皮毛呈白色（当穴兔奔跑时能很容易看到其腹部）。它喜欢的栖息环境是草地，最好有灌木丛或散落的岩石以供其藏身，它也会在土中或沙丘内挖掘复杂的洞穴。它成群而居，十几只成年穴兔带领不同年龄的幼兔一起生活。它以青草和树叶为食，在冬季也会啃食树皮。它是如今遍布全球的家兔的祖先，驯化过的家兔目前有80多个品种（详见第154页）。

体长：38 ~ 50厘米

体重：1.5 ~ 2.5千克

分布：原产于南欧和北非，美国、澳大利亚和新西兰有引进种群

7. 赤狐（*Vulpes vulpes*）

赤狐是吻部尖、尾毛浓密的小型犬科动物，广泛分布于各大洲的多种环境中，包括许多城市环境。皮毛的颜色范围从黄红色到红棕色，腹部通常为白色，尾尖一般为白色。赤狐以狡猾而闻名，它适应性强，主要以小型啮齿动物和鸟类为食，也吃昆虫、腐肉和垃圾，秋季还会补充些浆果和果实。赤狐一般在晚上出没，但在无人打扰的情况下，它也会白天露面。幼兽在较深的巢穴内出生并成长。

体长：45 ~ 90厘米，尾长30 ~ 55厘米

体重：3 ~ 14千克

分布：欧洲、北非、亚洲和北美洲，澳大利亚有引进种群

7

90厘米

赤狐能发出多种声音，已经确定的亚种共有28个。

小羊一直紧随母亲，因为每10～15分钟就要吃一次奶。

8. 欧洲盘羊（*Ovis orientalis musimon*）

欧洲盘羊分布在地中海地区，是欧洲绵羊的野生祖先。它被认为是亚洲盘羊（*Ovis orientalis*）的亚种，而亚洲盘羊正是家羊的祖先（详见第152页）。雄性长着巨大的螺旋角，角会一直生长，可以长到90厘米。它的体毛主要为棕色，吻部、腹部和四肢下半截为白色，在身体侧面有一大块偏白的斑点。雌性的体色更浅更匀称，角短或根本不长角。它以青草、树叶、橡子、山毛榉、栗子和蘑菇为食。

体长：115～130厘米，尾长10～15厘米

体重：25～40千克

分布：科西嘉岛、撒丁岛，欧洲其他国家有引进种群

8 🛵 130厘米

9. 小臭鼩（*Suncus etruscus*）

小臭鼩是一种极小的哺乳动物，也是鼩鼱家族的成员之一，有着又长又尖的鼻子。它的皮毛为棕灰色，尾巴上长着一些又长又直的尖毛。它的视力极弱，嘴尖上长着敏锐的长胡须，凭借嗅觉和触觉寻找猎物。它总是一边移动一边觅食，主要以蚂蚁和小昆虫为食，有时也能捕捉到蚂蚱和螳螂这样跟它差不多大的猎物。若它需要短时间休息（最多不超过半小时），便躲在枯叶层下面。

体长：3.5～4.5厘米，尾长2.4～2.9厘米

体重：1.8～3克

分布：地中海地区

9 ⛸ 4.5厘米

豪猪是欧洲最大的啮齿动物。

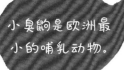

小臭鼩是欧洲最小的哺乳动物。

10 🛵 93厘米

10. 豪猪（*Hystrix cristata*）

豪猪是一种大型啮齿动物，因身体后部和臀部长满了白色和棕色相间的长刺而得名。它头大，吻部短，眼睛和耳朵都很小，四肢短小而健壮，脚有5趾。它的头上长着白色的长鬃毛，体色为深棕色。它身上的刺是非常有效的防御武器，受到威胁时，便会竖起棘刺以显得体形更大。如果还不足以震慑住对手，它就会倒退着扑向敌人将棘刺插入对方身体，但这种进攻会对自身造成严重的伤害，因为棘刺常常会卡在敌人身上。

体长：60～93厘米，尾长：8～17厘米　体重：10～30千克　分布：意大利中南部、北非

在落基山脉的深谷中

落基山脉将加拿大的几个大型平原与南部的美国分隔开来。整个山脉长4800千米，有十几个海拔超过4千米的高峰，许多山峰群被深谷隔开。无尽的森林覆盖了山脉，河水和溪水流入山谷，形成了成千上万个大小湖泊和池塘。在这样的环境中，栖息着丰富的野生动物。森林为大型掠食性动物，比如灰熊（图中）和狼，提供了家园；岩石和高高的山坡则是山羊、大角羊的领地；驼鹿在池塘边觅食；海狸把它的水坝建在湖泊和溪流中。

1.雪羊
（*Oreamnos americanus*）

雪羊与山羊属于同一个大家族，但亲缘关系并不近。雪羊身体矮胖，身披一层雪白的皮毛，背部凸起，黑色的羊角较短，几乎直立。雪羊是大山的居民，能够敏捷地攀缘在最陡峭的岩壁上。雪羊夏季过着离群索居的生活，冬季则会结成群体活动，并迁徙到海拔较低的地区，在未被积雪覆盖的土地上觅食。它们以青草、树叶和地衣为食，冬季也会吃针叶。

体长：125 ~ 180厘米

体重：57 ~ 82千克

分布：阿拉斯加南部到落基山脉

雪羊的羊角不会脱落，每年都会长一轮。

1
180厘米

2
22厘米

遇到危险时，会发出一阵尖厉的叫声。

加拿大猞猁的脚掌上也长有毛，在雪中行走时不会陷入深雪。

3
106厘米

2.北美鼠兔（*Ochotona princeps*）

北美鼠兔是一种体形椭圆的小型啮齿动物，耳朵小，四肢短，尾巴极短，几乎看不见。它生活在山地草原边缘的碎石和岩石区，雄性和雌性分别占领自己的领地，并会抗击入侵者。它主要以草为食，并将草晒干储存在洞穴内以备冬季食用，干草也被用于标识领地。冬季，它会待在洞穴中，靠夏季储备的食物过冬。它能在积雪层下方挖出长长的隧道前往没有积雪的草地。

体长：16 ~ 22厘米　**体重**：120 ~ 175克

分布：美洲西北部的山脉中

3.加拿大猞猁（*Lynx canadensis*）

加拿大猞猁主要栖息在北美洲繁茂的森林和苔原中。与其他猞猁一样，它的尾巴很短，耳朵上长着簇毛，但这个种类的猞猁簇毛更厚也更柔软，可以有效地抵御严寒。加拿大猞猁是独居动物，主要以雪兔（*Lepus americanus*）为食。猎物稀少的年份，其种群数也会降低，主要因为出生的幼崽儿少。

体长：67 ~ 106厘米，尾长5 ~ 13厘米　**体重**：4.5 ~ 17.3千克

分布：美洲大陆的最北端

4.北美豪猪（*Erethizon dorsatum*）

　　北美豪猪是一种大型啮齿动物，背部和尾部长有空心的刺，部分刺藏在长毛下面。北美豪猪只是看着笨拙，其实它是敏捷的攀爬者，大部分时间都待在树上，也经常到地面上觅食。除了青草和水果（特别是苹果），它还喜欢啃食植物的芽、叶子和树干。它身上的刺是一种防御武器，每根7～8厘米长，平时收起贴在身体上，一旦遇到攻击，便会立起来刺伤对手。

体长：60～90厘米，尾长14.5～30厘米

体重：5～14千克

分布：北美洲

4

90厘米

一只成年豪猪全身上下的刺多达5万根！

5.加拿大盘羊（*Ovis canadensis*）

　　生活在北美群山中的加拿大盘羊有着令人惊叹的大角。雄性长着螺旋形的大羊角，重量可达14千克，而雌性的羊角则短得多，卷曲度也小不少。为了在种群中确立地位，雄性会在激烈的争斗中用角碰撞对手，争斗可以持续数小时，直到其中一方败下阵来才算结束。记录显示最长一次打斗竟然持续了25.5个小时！

体长：雄性160～185厘米，雌性128～158厘米

体重：雄性119～127千克，雌性34～91千克

分布：落基山脉和美国干旱的地区

5

185厘米

成年雄性的头骨特别坚硬，以保护大脑免受外部冲击。

不同环境中的灰狼

灰狼是最大的野生犬科动物（少量家犬的体形能超过狼）。地球的许多地方，从美洲到欧洲，从亚洲到大洋洲，都分布着狼的不同亚种，野狗是灰狼的亚种。在广袤的大地上，不同的亚种适应了当地环境，演化出许多各具特色的身体特征。让我们看看下面这些例子吧。

阿拉伯狼
（*Canis lupus arabs*）

阿拉伯狼分布在以色列和阿拉伯半岛。它体形较小，身材苗条，体毛短，四肢长，耳朵较大，这都是为了适应炎热环境而演化出的特征。

意大利狼
（*Canis lupus italicus*）

意大利狼比灰狼略小，体毛厚密，略带红色。这个亚种只有非常少的野生个体生活在意大利的亚平宁山脉。如今，意大利狼的保护区域已经扩展到阿尔卑斯山了。

北极狼
（*Canis lupus arctos*）

北极狼体形中等，居住在美洲的极北之处。它通体白色或乳白色，皮毛极厚，可以抵御严寒。

远距离交流

狼有多种交流方式，留下气味痕迹表明该领地已被占领就是其中之一。它还有另一种远距离沟通的方式——狼嚎。每头狼都能发出特有的高低音，在十几千米的距离内都能听到狼嚎，这样做的目的是召唤狼群中的其他成员，或者向它们发出危险警告，亦或者是传递位置信息。

6.欧亚灰狼（*Canis lupus lupus*）

　　欧亚灰狼分布在欧亚大陆北部和北美洲的一些区域。它的体形较大，体毛粗糙厚重，呈浅褐色和灰色（也有长着黑毛的个体）。它是群居动物，通常由一对成年狼和它们的后代组成小群体，幼狼成年后会离开该群体并组建新的狼群。每个狼群都会捍卫自己的狩猎领地。欧亚灰狼的猎物主要为有蹄类动物（鹿、驼鹿、野猪和其他野生猪），它们也会袭击家畜，并因此遭到大量捕杀。如今，欧亚灰狼在一些国家受到保护，但仍经常遭到偷猎。

体长：109 ~ 122厘米，尾长30 ~ 40厘米　**体重：**31.5 ~ 54千克

分布：加拿大和美国西北部，欧亚大陆

欧亚灰狼头部和颈部长着厚重的皮毛，它的头也因此显得特别大。

6

122厘米

浣熊眼周有一圈棕色或黑色的毛，就像是"强盗的眼罩"。

7 **70厘米**

7.浣熊（*Procyon lotor*）

浣熊因为长得像长尾巴小熊而得名，它在食用食物前，有把食物放入水中清洗的习惯，即使食物是水中抓到的鱼或虾，它也会本能地将其放回水中清洗。因此，只要在不太远离水源的地方，无论是树林还是耕地，人们经常能找到它的足迹。它经常居住在人类的住所附近，甚至会在阁楼和酒窖内安家。它是灵巧的游泳者和敏捷的攀缘者，前腿末端的5根脚趾非常灵活，能帮助它轻易地抓取物体，不禁令人联想到人类的手。

体长：40～70厘米，尾长20～30厘米

体重：5.5～14千克

分布：加拿大南部到中美洲，亚洲和欧洲有引进种群

8.北美灰熊

（*Ursus arctos horribilis*）

北美灰熊因皮毛颜色而得名，是棕熊的一个亚种，分布在北美洲北部的山脉和苔原上。熊虽然被划分为食肉动物，但实际上灰熊是真正的杂食动物，它什么都吃，比如毛毛虫、浆果、鳞茎、根、蘑菇、小型啮齿动物和动物尸体。它能够猎杀大型动物，夏天时还喜欢下河捕捉洄游到河里产卵的鲑鱼。冬季，它躲在洞穴中冬眠，幼崽儿就在冬眠期间出生。

体长：180～215厘米

体重：150～380千克

分布：北美洲，从落基山脉到阿拉斯加

北美灰熊能够凭借后肢的力量站起来，站立时体长可达2.5米。

8 **215厘米**

46

9. 美洲水鼬（*Neovison vison*）

美洲水鼬是一种长着长胡须、身体细长、四肢短小的鼬科动物。它的皮毛柔软光滑，外层可以防水。它是敏捷的游泳者，能够潜水至5米深，并可在水下游泳数十米，半蹼化的脚趾有助于它的游动。它偏爱生活在河流、湖泊和溪流岸边。虾、青蛙、鱼、水鸟和鸟蛋是它的主要食物来源，此外还会捕食田鼠等哺乳动物。它是独行动物，夜间活跃，在河流岸边挖掘巢穴，用肛门腺分泌物标记领地。

体长： 雄性33～43厘米，雌性30～36厘米，尾长13～23厘米

体重： 雄性680～1360克，雌性570～1100克

分布： 北美洲

10. 驼鹿（*Alces alces*）

驼鹿是一种大型鹿科动物，其鹿角十分巨大（只有雄性有鹿角，而且每年会换角），向水平方向伸出，两侧鹿角尖连线，最宽可达2米。它的身体十分健壮，四肢长，头大，吻部突出。它栖息在靠近沼泽和湖泊的森林里，夏季炎热的时节会去水中纳凉。它对炎热很不耐受，温度超过27摄氏度便会令它十分难受。它喜欢独来独往，主要以水生植物，杨树和柳树的树枝、树叶和嫩芽为食，冬季会吃针叶。

体长： 雄性250～320厘米，雌性240～310厘米

体重： 雄性300～600千克，雌性270～400千克

分布： 北美洲、欧亚大陆北部

9 43厘米

为了得到水鼬珍贵的皮毛，许多国家会人工饲养此动物。

10 320厘米

驼鹿是鹿科动物中体形最大的。

四条腿的建筑师

一座由树干、树枝和泥浆筑成的"水坝"挡住了水流，让水流减速，水面变得如镜面般平静，岸边还有用同样材料筑成的圆顶状建筑。这便是美洲河狸一家在此居住的有力证据。这种水生大型哺乳动物是不知疲倦的建设者，以一己之力改变河流的水流速度，使水流放缓的地方变成池塘和湖泊，美洲河狸便在此建造巢穴。

专业伐木者

美洲河狸使用树枝和树干建造水坝，包括很粗的树干。它会耐心地啃咬树干，直到其不堪重负倒地为止。

美洲河狸的尾部宽大扁平且无毛，游泳时能起到桨的作用。

11

117厘米

11. 美洲河狸（*Castor canadensis*）

美洲河狸是一种夜行性大型啮齿动物。它的后脚带蹼，耳朵和鼻孔可以闭合，在水下游泳时眼球外的透明膜可以保护眼睛。这种动物以家庭为单位群居，一般是一对夫妻带着近两年出生的幼崽儿。它会守护自己的领地。树木不仅是建造水坝和巢穴的材料，也是美洲河狸的食物，嫩枝，树叶，树皮和软木皆可为食。它会在水下堆放树干和树枝，为冬天储备食物。

体长：90 ~ 117厘米，尾长23 ~ 25厘米
体重：13 ~ 37千克
分布：北美洲

凿子般的牙齿

美洲河狸工作时使用的工具是它的大门牙。门牙为深橙色，长度超过2厘米，十分尖利，牙齿并排长着，相互摩擦。它用牙齿嚼碎木材，牙齿能终身生长，以便补充损耗的部分。

安全的家

美洲河狸的巢穴是一个由树枝、树干和裹着泥土的草搭建的圆顶建筑，冬季气温较低时，巢穴会变得坚如磐石，保护它免受掠食者的侵害。圆顶下面是内室，美洲河狸会在这里做很多事情，比如擦干皮毛、进食和繁殖等。它的家一般建在淤泥之上的一堆树干里，在水下设有两个出入口。

北美洲

在野牛回归的广阔大草原

北美大草原一望无际，地势平坦，其间低矮的山丘从大草原东侧延伸到落基山脉。这是一片低草丛生的地带，间或有灌木生长。曾几何时，数以百万计的美洲野牛栖息于此，但人类拓荒者的闯入使它们几近灭绝。如今，美洲野牛（见图）又重新归来，再次成为这片土地的主角。这里还有食草动物（比如叉角羚）和掠食者（比如土狼），啮齿动物（比如草原土拨鼠）会在地下建造迷宫似的隧道。

奔跑速度最高可达88千米每小时，且能坚持8分钟。

1. 叉角羚（*Antilocapra americana*）

叉角羚是北美洲特有的草原有蹄类动物。它的体色是黄褐色和白色，角的形状很特别，顶部分叉，尖端向后弯曲，许多雌性也长角，但更短。叉角羚身材较矮，又长又细的四肢使它可以快速地奔跑，且耐力颇佳。它生活在北美大草原上，冬季需要长途迁徙，有时候甚至会迁徙数百千米，以寻找没有落雪、食物充足的地方。叉角羚迁徙时成群结队，一般300～400只构成一个群体。

体长：130～150厘米

体重：雄性45～60千克，雌性35～45千克

分布：北美洲

1 150厘米

美国原住民部落会充分利用美洲野牛身体的各个部位，食其肉，将其皮毛做成衣服和帐子，用牛筋缝纫，用骨头做工具等。

2 380厘米

2. 美洲野牛（*Bison bison*）NT

美洲野牛块头很大，拥有大而重的头部，头顶的牛角又弯又尖，肩膀如驼峰般隆起，雄性尤为明显。美洲野牛的群体由雌性和未成年的雄性组成，成年雄性只有在繁殖期才会加入群落中，其余时间则组成单身汉群。在最早一批欧洲白人抵达北美洲时，北美大草原上曾有6000万只美洲野牛，而在1890年，由于人类的残酷捕杀，其种群数降至不足1000只。如今，美洲野牛得到了保护，在一些国家公园和大型私人牧场内，生活着少量的野牛种群。

体长：雄性360 ~ 380厘米，雌性218 ~ 313厘米

体重：318 ~ 900千克

分布：加拿大和美国西部

3
95厘米

3. 郊狼（*Canis latrans*）

郊狼好似中型犬，有着黄褐色的皮毛，又尖又长的吻部和三角形的尖耳朵。它习惯夜间出没，是一名机会主义者，对可以养活自己的食物从不挑剔，比如小型啮齿动物、兔子、鸟类及鸟蛋、动物尸体、果实和大型昆虫。郊狼有时候成对行动，尤其是处理大型猎物时。它喜欢的栖息地是草原或稀疏的树林，但也有些郊狼喜欢在城市内晃荡，以进食人类丢弃的垃圾。

体长：80 ~ 95厘米，尾长30 ~ 40厘米

体重：9 ~ 22千克

分布：北美洲和中美洲

> 夜间行动时，一系列尖锐刺耳的刮树皮声会暴露郊狼的行踪。

4. 条纹臭鼬（*Mephitis mephitis*）

条纹臭鼬和猫一样大，四肢短、身材细长、尾巴健壮。它的体色为黑色，身上醒目的"V"字形条纹从颈部延伸至尾巴末端。它是夜行动物，主要以昆虫为食（比如蚂蚱、甲虫、毛毛虫、蜜蜂和黄蜂），它也吃老鼠、鸟类及鸟蛋、果实和动物尸体。它为众人周知的是其排出臭气防御的能力，它会在遇到威胁时背对对手，将肛门腺分泌的液体喷向对方，液体散发着非常强烈且令人恶心的气味，喷射距离可达6米。

体长：40 ~ 60厘米，尾长18 ~ 25厘米   体重：2.7 ~ 6.3千克

分布：从加拿大南部到墨西哥北部

4
60厘米

5. 黑尾土拨鼠（*Cynomys ludovicianus*）

黑尾土拨鼠是啮齿动物，会发出类似于狗叫的示警声。它的洞穴在地底深处，内部复杂精致。黑尾土拨鼠不冬眠，在洞穴内过冬和避难。土拨鼠一家由一两只雄性，几只雌性，以及它们的幼崽儿组成。它们的洞穴相互为邻，形成一个可以被称为"城镇"的聚居区，内有成百上千只黑尾土拨鼠居住。

体长：28 ~ 33厘米   体重：900 ~ 1350克   分布：北美洲

5

33厘米

> 条纹臭鼬经常去蜂巢吃蜜蜂，它厚实的皮毛可以防止被蜜蜂蜇伤。

> 总有一只土拨鼠会在其他家庭成员进食时负责放哨示警。

南美洲
在大河两岸

　　亚马孙地区因亚马孙河而得名，这是世界上最大的河流区域，亚马孙河凭借1000多条支流滋养了超过600万平方千米的流域。这里覆盖着无尽的茂密森林，有着异常丰富的植物和动物图谱。有超过1000种鸟类，近1000种爬行动物和两栖动物，超过300万种昆虫在此生活。至于哺乳动物，已知种类就有400多种。100多种不同种类的猴子在树枝间攀爬跳跃，食蚁兽、貘和大型啮齿动物（比如水豚）在灌木丛中穿梭。说到掠食者，美洲虎则当仁不让地脱颖而出了（见图），它是美洲大陆上最大的猫科动物。

黑蜘蛛猴灵巧的尾巴在攀爬时起到辅助抓握枝干的作用，也能抓握物体。

1. 黑蜘蛛猴（*Ateles paniscus*）VU

黑蜘蛛猴是蜘蛛猴家族中的一员，它的特征是头部小，四肢很长，尾巴又长又结实。它全身毛色大多为具有光泽的黑色，面部、手和脚也呈黑色。黑蜘蛛猴群居生活，每群有20～30个成员。它大部分时间都待在植被的最上层，在树枝上轻巧地移动。它通常白天活跃，夜晚则躲避到最高的树枝上休息。它主要以水果为食，辅以树叶和花朵。在水果稀少的干旱地区，它也会吃树皮、树根、毛毛虫和蚂蚁。

体长：55～65厘米，尾长80～90厘米

体重：8～9千克

分布：从圭亚那到巴西

65厘米

2. 白秃猴（*Cacajao calvus*）VU

白秃猴居住在热带雨林中，通常出没在溪流的岸边或湖泊附近。它喜欢占据树木的上部，在树枝间轻松移动，寻找成熟的果实、叶子、花蜜和一些昆虫。它从树上下来多半是为了寻找落在地面的种子。它白天活跃，夜间在最高的树枝上过夜。众多个体聚居成群，最多时可达100只。根据亚种的不同，它的皮毛颜色也多种多样，从棕色到黑色再到近乎全黑，但面部都是红色的。它的手指上有指甲而非爪子。

体长：36～57厘米，尾长14～28厘米

体重：2～3千克

分布：从秘鲁到巴西的亚马孙丛林

白秃猴面部宽而无毛，呈朱红色。

3. 卷尾猴（*Cebus capucinus*）

卷尾猴是一种中型猴子，栖息在巴西中部的繁茂森林中，一生中大部分时间都在树上度过。它的皮毛为黑色，头部、肩部和前肢上部为白色或淡黄色，看起来就像穿着一件白色斗篷。它的尾巴长度与躯干相同，非常灵活，能够抓住树枝，也可以把食物送到嘴边。它的食物主要包括水果和坚果，如果遇到合适的机会，它也会捕捉松鼠、树鼠、小鸟和昆虫。

体长：30～56厘米，尾部和体长相同

体重：雄性3～4千克，雌性2～3千克

分布：从中美洲到巴西

56厘米

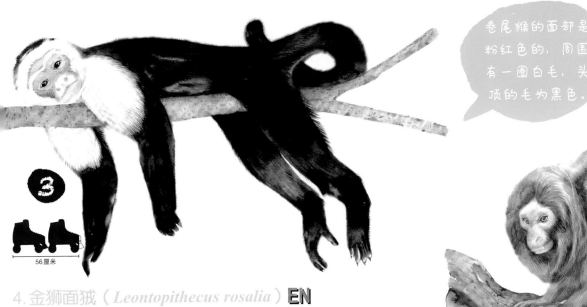

卷尾猴的面部是粉红色的，周围有一圈白毛，头顶的毛为黑色。

面部无毛且呈灰色，与金色鬃毛形成鲜明对比。

3

56厘米

4.金狮面狨（*Leontopithecus rosalia*）EN

　　金狮面狨是一种长着长尾巴的小型猴类。它的毛色从浅金黄色到橘红色不等，脸周围的毛较长，从头、脸颊、喉咙到肩膀处形成丰盈柔滑的鬃毛。它生活在遍布藤本植物的潮湿森林里，喜欢在茂密的大树中层和冠层活动。它白天活跃，组成小群体活动，夜间则在树洞或枝干凹陷处休息，这里既能躲避天敌，还能御寒。它是杂食性动物，吃果实、鸟蛋、小鸟、蜥蜴、蜘蛛和昆虫，细长的手指和长指甲能帮助它掀开树皮缝隙，捕捉其中的猎物。

体长：20～36厘米，尾长31～40厘米

体重：600～650克

分布：巴西南部

4

36厘米

5.黑吼猴（*Alouatta caraya*）

　　黑吼猴栖息在葱郁的热带雨林中，只有成年雄性为黑色，雌性和未成年者皆为淡黄色，雄性的体形明显较大。黑吼猴群栖生活，每个族群有10～20个成员，每天上午族群内的每个成员都会陆续发出吼叫声，声音能传5千米远，以向其他族群示警，告知本族群的存在，并要求对方远离自己的领地。它几乎完全以树叶为食，消化树叶需要很长的时间，这也是大多数时间黑吼猴都在树枝间睡觉或休息的原因，它很少从树上下来。

体长：48～67厘米，另需加上尾巴

体重：雄性6.5千克，雌性4.5千克

分布：从中美洲到巴西

5

67厘米

黑吼猴是美洲大陆最大的猴类。

头朝下的生活

"树懒"的外文名来源于古希腊文，意思是"走路慢"，事实上这些动物大部分时间都保持一动不动，而移动时确实非常缓慢。它一生基本上都在树上度过，以树叶为食，依靠又长又弯且非常锋利的爪子，从一根树枝挪动到另一根上。已知的三趾树懒有4种，两趾树懒有2种。

6

80厘米

树懒是世界上行动最缓慢的动物。它最快的速度是每小时移动240米。

6.褐喉树懒（*Bradypus variegatus*）

褐喉树懒是一种具有奇特外观和行为的动物。它的头部稍圆，小眼睛隐藏在黑色条纹中，鼻子扁平，身上长着浓密的体毛，四肢较长，末端长着3根脚趾，依靠锐爪抓住树枝，倒挂身躯。它每天平均睡觉15～18小时，会非常缓慢地移动并以叶片为食，这是它唯一的食物。它在大树上过着孤独的生活，每7～8天会下树一次排便。在那一刻，它对天敌是没有防御力的，因为后肢无法支撑身体，它只能用前肢使劲儿拖曳自己。

体长：42～80厘米

体重：2.25～6.3千克

分布：中美洲和南美洲

紧紧地抱着

小树懒出生时身上披着毛发，长着爪子。出生后便依附在母亲胸前，4～5个月都不会分开。

浓密的毛发

树懒长长的体毛内藏着种类繁多的藻类，使毛发呈现出便于伪装的绿色。它的毛发内也会长出微小的真菌，许多昆虫及其幼虫都生活在那里，它是一种小型夜蝴蝶的唯一宿主。

7. 巴西三带犰狳（*Tolypeutes tricinctu*）

巴西三带犰狳是一种头部、背部、臀部、四肢外侧和尾巴上覆盖骨质鳞甲的哺乳动物。在危险降临时，它的鳞甲可以闭合成一个球。只有美洲虎能够撕碎它的防护鳞甲。它以白蚁和蚂蚁为食，会用尖利的爪子挖土，直到把蚁穴内的隧道挖出，然后伸长舌头卷起食物送进嘴里。

体长：22～27厘米，尾长7～8厘米

体重：1～1.6千克

分布：巴西

上下犬齿都非常尖锐，每次开闭口时犬齿都会相互摩擦。

即便是刚出生的巴西三带犰狳，它的鳞甲也能闭合成一个球。

7

27厘米

8

150厘米

8. 领西猯（*Pecari tajacu*）

领西猯是一种野猪，与家猪类似，身体浑圆，头部大，吻部长且粗糙、顶端拱起。它成群结队地生活，每个群体通常由十几个成员组成，但最多时也能达到50个成员。它们一起寻找食物，一起休息，与其他族群抗争以捍卫自己的领地，共同协作抵御天敌入侵。领西猯主要以植物为食，植物的根、块茎和坚果都是它的食物，也吃蘑菇、昆虫、小型啮齿动物和动物尸体。它有时候也会侵入农田或在靠近人类居住区的垃圾堆中觅食。

体长：100～150厘米　体重：16～27千克

分布：从美国南部到阿根廷

9. 水豚（*Hydrochoerus hydrochaeris*）

水豚是一种大型啮齿动物，身体呈圆柱形，吻部为方形。它居住在水量充沛、水草丰美的环境中。它是灵巧的游泳者，并进化出很多适应半水生生活的身体特征。它的足部部分蹼化，眼睛、耳朵和鼻孔长在头顶上方，以便在几乎完全沉浸于水中之时，观察四周、呼吸空气。十几只或者更多水豚集群生活，共同捍卫自己的领地。

体长：120厘米

体重：35～66千克

分布：南美洲

水豚是世界上最大的啮齿动物。

9

120厘米

10. 巨獭（*Pteronura brasiliensis*）**EN**

　　巨獭是一种巨大的鼬科动物，身体细长，尾巴也很长，四肢短，脚趾之间带蹼。它栖息在河水流速缓慢之处、湖泊和池塘，主要以鱼类为食。它是游泳能手，用带蹼的爪子缓慢地游动，强壮的尾巴还能起到助力作用。它们成群生活，每个群体由5~8只巨獭组成，其中包括一对夫妻、1~2只幼崽儿，前一年出生的小巨獭会帮助父母照顾新生的兄弟姐妹。

体长：150~180厘米，尾长50~70厘米

体重：雄性26~32千克，雌性22~26千克

分布：南美洲

11. 美洲豹（*Panthera onca*）**NT**

　　美洲豹是一种体形巨大，肌肉发达，皮毛上长有斑点的猫科动物。它的皮毛颜色为铁锈色，上面布满了黑色斑点，侧面和背面形成典型的圆形玫瑰花结，当中有1~2个黑点。其栖息地虽然种类繁多，但它更喜欢靠近赤道的森林，尤其是在水道附近或靠近池塘处。它游泳技术娴熟，也有能力攻击凯门鳄和森蚺，还是熟练的登山者。白天，它时常栖息在大树枝上；夜幕降临时，它便去捕食鹿、野猪、水豚和猴子等。

体长：150~185厘米，尾长70~90厘米

体重：雄性68~136千克，雌性55~90千克

分布：美国以南

巨獭为13种水獭中体形最大的种类。

⑩　180厘米

⑪　185厘米

美洲豹身体花纹的形状和分布各不相同，和我们的指纹一样，都是独一无二的。

南美洲
在极南的荒凉之地

　　巴塔哥尼亚是美洲大陆南端一片广阔的地区，位于安第斯山脉和大西洋之间。这是一片人烟稀少的土地，干旱且常年劲风不止。从海岸开始，海拔猛地爬升到高原地带，这里土壤贫瘠，高原上生长着低矮且耐旱的草和灌木，树木稀少，向西则是壮丽的安第斯山脉，山脚下有无尽的冰川。能适应如此困难环境的哺乳动物并不多，只有少量动物在此生存，包括羊驼（单峰骆驼家族的大型食草动物），大型食蚁兽和被称为强大捕食者的美洲狮，等等。

吸血蝙蝠是少有的几种能走能跑，还能长距离跳跃的蝙蝠。

美洲狮不会咆哮，只能发出类似于家猫的叫声，但声音更响。

1
9厘米

2
154厘米

1. 吸血蝙蝠（*Desmodus rotundus*）

　　吸血蝙蝠白天头朝下倒挂在洞穴或空心树木内睡觉，夜幕降临时便会飞出去寻找正在睡觉的动物。它会降落在吸血对象附近，慢慢地走近，轻轻地爬上去，用尖利如剃刀的门齿割伤猎物的皮肤，然后舔舐伤口流出的血液。它的动作之轻，被咬的动物通常都毫无察觉。

体长：7～9厘米　体重：15～50克

分布：南美洲

2. 美洲狮（*Puma concolor*）

　　美洲狮是身材修长的大型猫科动物，头相对身体来说较小，四肢短且健壮，尾巴又长又软。它的毛色为红棕色，无斑点，只有尾巴尖、鼻侧和耳朵后面为深棕色。它通常在夜间活动，独行。它是食谱丰富的凶猛掠食者，从大型有蹄类动物到啮齿动物和鸟类，甚至还会袭击家畜。在捕捉体形大的猎物时，它会采取一种特别的战术，静静地跟随猎物，直到两者距离恰好适合，便会跃至猎物背上，一口咬住其喉管，一招令其毙命。

体长：雄性102～154厘米，雌性86～131厘米，尾长63～96厘米

体重：雄性36～120千克，雌性29～64千克

分布：遍布美洲大陆

3. 智利巴鹿（*Pudu puda*）NT

　　智利巴鹿体形敦实、四肢较短，通常生活在潮湿的森林中，尤其是茂密的灌木丛里。它属于小型鹿科动物，在山脚下的山谷深处能见到它的踪影。只有雄性长着又短又直的角（6～9厘米长），角每年脱落并更换一次。它的嘴唇、耳朵边缘和眼睛周围一圈为橙色，头部为棕色。它是独行动物，无论白天还是夜晚都会活动，只有在炎热难耐时，才会在茂盛植物庇护所休息。临近日落，它便离开，前往森林边缘或空的牧场觅食，主要吃树叶、蕨类和爬山虎。

体长：70～83厘米　体重：7～13.5千克

分布：智利南部和阿根廷

智利巴鹿总是沿着相同的路径行走，这样便会在稠密的灌木丛中走出一条真正的小路。

3
83厘米

4. 大食蚁兽（*Myrmecophaga tridactyla*）

　　大食蚁兽长着管状的吻部，尾部力量强劲，外形特征明显。它的学名 *Myrmecophaga tridactyla* 意为"用三趾进食的白蚁吞食者"。"白蚁吞食者"这个定义很准确，因为无论是白蚁本身，还是它们的卵和幼虫，都是大食蚁兽最喜欢的食物。但它的脚趾却并非3根，而是5根，只有前腿上的3根脚趾上长着又长又锋利的爪子。它用爪子挖出土里的白蚁巢穴，或撕开树干寻找食物。它的吻部又长又窄，像一根管子，嘴里虽然没有牙齿，却长着可以伸长至60厘米的灵巧舌头。这根长舌头能深入白蚁巢穴，黏住里面的白蚁。

体长：100 ~ 120厘米，尾长65 ~ 90厘米

体重：18 ~ 39千克

分布：中美洲和南美洲

> 大食蚁兽走路时会折叠爪子，以指关节着地并承受体重。

4 120厘米

5. 原驼（*Lama guanicoe*）

　　原驼属于骆驼家族，就像无峰的单峰骆驼。它的头小且长，脖子细长柔软，四肢也很长。它是一种非常耐寒的动物，能适应多种环境，从潮湿的森林到草原，再到高山草甸，甚至海拔4500米的高山。原驼会结成小群，由一只雄性带领，它会保卫自己的觅食领地，另有几只雌性和幼兽追随它。没能征服自己领地的雄性则会组成分散的群体。

体长：190 ~ 215厘米

体重：90 ~ 140千克

分布：南美洲，从秘鲁到火地岛

> 雄性原驼长有巨大而尖利的犬齿，用于与天敌搏斗。

5 215厘米

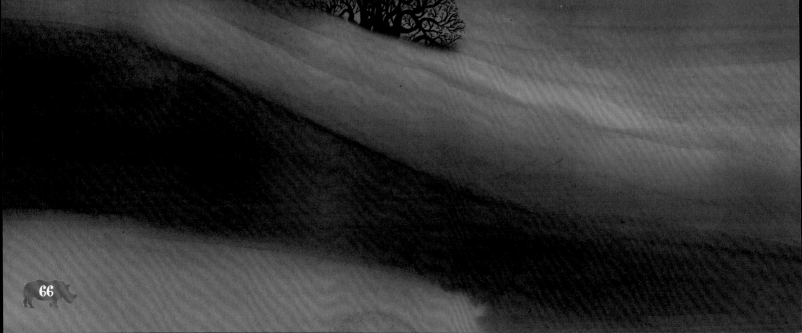

在炽热的沙漠中

沙漠环境十分严酷，白天非常炎热，晚上很冷，水和植被极度稀缺。沙漠分布在美国、亚洲、澳大利亚和非洲，最大的沙漠是位于非洲大陆的撒哈拉沙漠，它覆盖了非洲大陆的整个北部地区。沙漠分为3种不同类型——裸岩沙漠、卵石沙漠和由大沙丘形成的沙砾沙漠。沙漠里的水只存在于稀有的绿洲中，在这种环境中生存的动物，必须发展出特殊的适应能力：白天待在地下洞穴内，夜间外出觅食，比如耳廓狐（见图）；或是找到一种快速散发体温的方法；抑或是从植物或猎物体内获取所需的水分。

1. 弯角剑羚（*Oryx dammah*）EX

弯角剑羚是一种长着细长角的羚羊，它的毛发呈奶油色，只有胸部和颈部是棕色的。雌雄长相相同，但雌性明显小得多。这种羚羊展现出了对干旱环境非凡的适应力。它可以几个月不喝水，仅从食物（草、根茎和果实）中汲取水分，它还会长途迁徙到因短暂降雨而长出草的地方。由于被人类猎杀，弯角剑羚已经于2000年被宣布在野外灭绝，但动物园和农场人工养殖的数量仍不少，其中少数族群被重新放归大自然。

体长：140 ~ 240厘米，尾长45 ~ 60厘米

体重：雄性140 ~ 210千克，雌性90 ~ 140千克

分布：撒哈拉沙漠南部边缘的干旱草原

2. 非洲跳鼠（*Jaculus jaculus*）

非洲跳鼠是一种体形很小的啮齿动物。它的外貌很特别，头大而圆，前腿特别短，后腿则较长，尾长几乎为身长的2倍，尾巴尖端有一簇毛。它的后足以及健壮的后腿有利于跳跃式移动，就像袋鼠一样。非洲跳鼠白天待在地下坑道的尽头，等到日落后温度下降，它便出来寻找食物，比如草、植物的根、种子和昆虫。它一个晚上能跳出十几千米远。

体长：9.5 ~ 11厘米，尾长13 ~ 25厘米

体重：43 ~ 73克

分布：从摩洛哥到埃及，也出现在阿拉伯半岛

弯角剑羚的角能长到1米多，但很容易断裂。

非洲跳鼠一跃能达3米远，这是它自身体长的30倍。

1 240厘米

2 11厘米

68

3.耳廓狐 (*Vulpes zerda*)

耳廓狐也被称为"沙漠狐狸",是一种长着大耳朵的小型犬科动物。大耳朵长达15厘米,既可以帮助身体散热,也确保了良好的听力。耳廓狐的皮毛呈奶油色,只有尾尖为黑色,这有助于它在沙漠中隐身,脚上长的厚毛有助于隔热。耳廓狐以家庭为单位群居,夫妻终身相伴,它们带着当年和前一年出生的幼崽儿一起生活。白天在深洞里度过,晚上出来捕猎小型啮齿动物、蜥蜴、蝗虫和蝎子。

体长:24 ~ 41厘米,尾长18 ~ 31厘米

体重:700 ~ 1600克

分布:北非和阿拉伯沙漠

耳廓狐是阿尔及利亚的国家象征,其国家足球队球员也被称为"沙漠之狐"。

41厘米

4.沙丘猫 (*Felis margarita*)

沙丘猫是一种体形紧凑、头大、耳朵也大的小型猫科动物。它的毛色呈沙丘色和浅灰色,腿和尾巴上有深色条纹。它是极少数能在沙漠地区栖息的哺乳动物之一,能够适应夜间温度降到0摄氏度以下、白天升至50摄氏度以上的恶劣环境。为了躲避炎热,白天它待在地下深处的洞穴内,而夜间外出觅食时,其厚密的皮毛又能为它抵御寒冷。它是食肉的机会主义者,不会放过任何一只小猎物,比如啮齿动物、蜥蜴、昆虫和蛇,即便遇到毒蛇也会毫不犹豫地出击。

体长:45 ~ 57厘米,尾长28 ~ 35厘米

体重:雄性2.1 ~ 3.4千克,雌性1.4 ~ 3.1千克

分布:撒哈拉沙漠西部,阿拉伯和中亚也有其行踪

沙丘猫是野生猫科动物中体形最小的。

57厘米

游牧民族的宝贵盟友

　　如果要选出一个沙漠的代表性动物，那大概就是单峰驼了。这种大型骆驼科动物4000年来一直是北非和中东沙漠地区居民的主要资源。驯养单峰驼由来已久，它为游牧民族的生存提供保障，比如为他们提供肉、奶和皮毛，并被当作坐骑。如今，几乎所有的单峰驼都是驯养的，尽管它们被养在野外环境中。唯一的野生种群在澳大利亚，这里的单峰驼是在19世纪中叶作为运输动物引入的，但随着时间的推移和机动车的普及，它们被人类遗弃，并重归野外。如今，生活在澳大利亚的野生单峰驼有100万头之多。

5. 单峰驼

（*Camelus dromedarius*）

　　单峰驼的四肢细长，背上有一个隆起的驼峰。它完美地适应了沙漠气候。驼峰里储备着脂肪，在食物匮乏时能为单峰驼提供能量，它的脚上长有长脚趾，令它能在松软的沙丘上自如地行走。当遇到沙尘暴时，它的鼻孔可以闭合，而双排睫毛能保护眼睛。它可以数日不喝水，只进食少量沙漠中的灌木和荆棘，就足以维持生命。其他食草动物不吃的含盐植物，也能被单峰驼消化吸收。

体长：300厘米

体重：400～600千克

分布：撒哈拉、阿拉伯和中东

单峰驼能够在10分钟内喝下100升水。

沙漠之舟

阿拉伯的贝都因人称单峰驼为"沙漠之舟",因为它能够背负重物、长途跋涉。单峰驼在负重200千克的情况下,一天可以行进150千米,还可以连续8天不喝水,仅靠储藏在驼峰里的脂肪供给身体所需。

300厘米

驼峰之上

几个世纪以来,单峰驼的饲养者培育出了不同品种的单峰驼,它们各具特点。阿拉伯南部马赫拉地区的单峰驼尤其受人瞩目。这种单峰驼长着结实的四肢,身体修长,特别擅长奔跑,在过去曾被一些军队收编组成战队。单峰驼的行进速度并不快,但耐力极佳。在阿拉伯国家,长跑距离超过20千米的单峰驼极受欢迎。如今,游客们也经常坐上戴驼鞍的单峰驼观光。

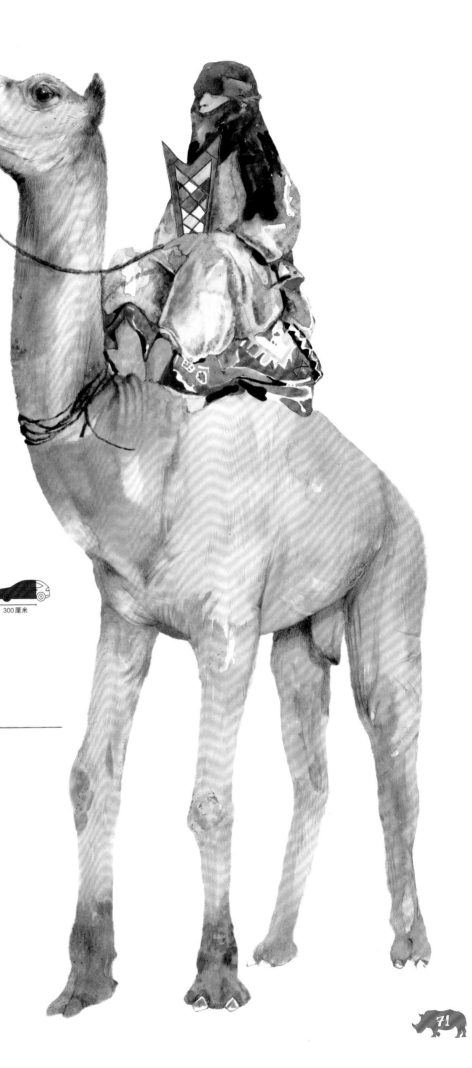

6.狐獴（*Suricata suricatta*）

狐獴是一种躯干修长、笔直、四肢匀称、短小的小型獴科动物。它的脸很圆，吻部突出，尾巴细长，尾巴尖是黑色的。狐獴的体色从黄棕色到红色不等，背部有数条平行的深色条纹，眼周有棕色暗斑。几十只集群生活在地下深处的洞穴内，洞穴有多个出口，使之可以在夜间和危险来临时安然度过。它的食物主要为昆虫和其他无脊椎动物，特别是蝎子，它能够快速咬掉蝎子的钳子。

体长：25～35厘米，尾长17.5～25厘米

体重：620～960克

分布：非洲南部

7.非洲野驴（*Equus africanus*）**CR**

非洲野驴被认为是家驴的祖先（详见第148页），曾经广泛分布于整个北非，但是如今生活在自然界中的非洲野驴只剩下几百只了。野驴虽然看起来像马，但它的头更大，耳朵更长，尾巴毛更稀疏。它的体色从灰色到浅棕色不等，肩部有一条黑色横纹，四肢上有细细的黑纹。它适应力极强，可以生活在极其干旱的地区，仅靠稀少的植被便能存活。与其他适应沙漠气候的哺乳动物不同，它至少每3天需要喝一次水。

体长：200厘米，尾长35～50厘米

体重：230～275千克

分布：厄立特里亚、埃塞俄比亚和索马里

离开洞穴的狐獴中，总有几只负责放哨，在危险时发出警告。

野驴的叫声几千米外都能听到。

35厘米

200厘米

8. 狞猫（*Caracal caracal*）

狞猫是一种中等体形的猫科动物，身材细长，头小，尾巴较短，四肢较长，且后肢比前肢更长、更强壮。它的体色为黄褐色，鼻子上有一些黑点，耳朵大，且尖端有一撮长度可达8厘米的黑色簇毛。它栖息在沙漠和热带草原地带，尤其喜欢灌木少、干旱的环境。它是厉害的猎手，除了捕捉啮齿动物、野兔、鹧鸪等鸟类、蛇和蜥蜴，有时也会制服更大的猎物——瞪羚。它会在遇到危险时蹲下来，利用毛色隐身到干枯的植被中。

体长：62 ~ 91厘米，尾长18 ~ 34厘米

体重：雄性12 ~ 19千克，雌性7 ~ 13千克

分布：非洲和中亚

91厘米

9. 苍羚（*Nanger dama*）

苍羚是一种大型瞪羚，腿细，脖子也细，体色为黄褐色和白色。它的角相对较短（25 ~ 35厘米），呈S形并向后弯，而雌性的角则更短更细。它栖息在沙漠和灌木丛生的草原地带，会为了食物进行长距离迁徙。雨季，它以沙漠中快速长出的青草为食，几十只组成群体分散觅食；到了旱季，它们会迁徙到草原，分散成小群体，每个小群体由一只雄性苍羚带领。苍羚以青草、树皮、灌木叶和相思树的树叶为食。它会用后腿站立，以便够到较高的枝叶。

体长：140 ~ 168厘米

体重：雄性40 ~ 75千克，雌性35 ~ 40千克

分布：撒哈拉沙漠南部

9

168厘米

非洲 在大平原无边无际的草海上

稀树草原是广阔的草地平原，其特点是气候炎热干燥，旱季漫长，雨季短而雨量充沛。雨水稀缺阻碍了树木的生长，因此植被主要由草本和灌木组成，很少有独立的树木，只有水道沿途能看到少量树林。这片草海是许多物种的天堂，首先是吃草的动物，比如角马、斑马、瞪羚和河马，以及在树林和灌木丛中觅食的动物，比如羚羊、长颈鹿、犀牛和大象。大量的食草动物吸引了无数掠食者，比如成群的食肉动物——狮子、鬣狗和野狗，或是像豹子和猎豹（见图）这样的独行动物。

五大兽

五大兽是猎人对它们的称呼，这是过去可以自由狩猎动物时的叫法，表示最出名且最难捕获的战利品。现在捕猎非洲大型哺乳动物的可能性大幅降低，因为它们都受到了保护，但探访五大兽仍然是每年数以百万计游客和自然摄影师最梦寐以求的主题。

人类测量过的象牙中，最长的有3.5米左右。

1. 非洲草原象（*Loxodonta africana*）VU

非洲草原象是最大的陆地哺乳动物，4条圆柱形的腿支撑着巨大的身躯，长长的鼻子与上嘴唇相连，还有大耳朵和2根长而弯的象牙。正是珍贵的象牙给它们招来杀身之祸。如今，它们受到禁止捕杀的保护，但偷猎者仍然会设法捕杀它们。非洲草原象喜欢群居，象群由最年长的雌象统率，象群中只有雌象和未成年象，成年雄象则过着独居生活。非洲草原象吃青草、树叶和树皮，平均每天要消耗300千克食物。

体长： 220 ~ 400厘米，尾长100 ~ 150厘米

体重： 雄性5000 ~ 6300千克，雌性2800 ~ 3500千克

分布： 非洲中部和南部

一些保护区会割断黑犀的角，用这种方法避免盗猎行为发生。

① 400厘米

② 375厘米

2. 黑犀（*Diceros bicornis*）CR

黑犀是非洲现存的两种犀牛之一（另一种是白犀，详见第83页）。它的躯干呈圆柱形，四肢短且健壮，皮肤呈深灰色且无毛。它的上嘴唇呈三角形，十分灵活，用于剥灌木上的树叶，这也是它的主要食物。它的前额和鼻孔之间有2个角，其成分与毛发相同，前面的角通常较长，最长可达1米多。犀牛角在药材界备受追捧，这使得黑犀尽管受到保护，但仍然几近灭绝。现存的几千只黑犀都生活在公园和保护区内。

体长： 300 ~ 375厘米，尾长70厘米

体重： 雄性996 ~ 1362千克，雌性890 ~ 1250千克

分布： 非洲东部和南部

3. 狮子（*Panthera leo*）VU

狮子是最大的猫科动物，也是唯一拥有社会行为的猫科动物，不但成群生活，还在狩猎、防御和保卫领地中相互协作。此外，狮子的性别特征十分明显，成年雄狮有标志性的浓密鬃毛，覆盖着脸颊、颈部和肩膀。狮群包含一定数量的雌狮、未成年狮子和幼狮，由一只或几只占据优势的雄狮带领。一般来说，雌狮负责打猎，一旦成功，狮群中的其他成员就会一拥而上，实力强的雄狮会首先获得食物。狮群主要捕杀羚羊、角马、斑马和水牛，它们也会从花豹、猎豹或鬣狗嘴下"偷走"被杀死的猎物。

体长：雄狮170 ~ 250厘米，雌狮140 ~ 175厘米，尾长60 ~ 100厘米

体重：126 ~ 272千克

分布：撒哈拉沙漠以南的非洲

在夜间，狮吼声音能传8千米远。

3 🚗 2.5米

4. 花豹（*Panthera pardus*）VU

花豹是一种大型猫科动物，它灵活优雅又具有力量，毛色呈黄褐色，体侧和背部有玫瑰状的环形黑斑。它独来独往，主要在夜间捕猎，借助灌木和树木的掩护伏击猎物。它能够捕获大型羚羊，小动物也能满足它的胃口，比如野兔或鸟类，甚至大型昆虫。它经常将较大的猎物拖上树，挂在树杈上，以防被狮子和鬣狗偷走。

体长：雄性160 ~ 213厘米，雌性170 ~ 190厘米，尾长68 ~ 110厘米

体重：雄性31 ~ 65千克，雌性17 ~ 58千克

分布：非洲和亚洲

4 🚗 213厘米

在高草丛中行进时，母豹的白色尾巴尖能为幼豹指明方向。

5. 非洲野水牛（*Syncerus caffer*）NT

非洲野水牛是一种体形庞大的牛，腿短而结实，体色为黑色或深棕色，体毛短，角长而弯曲，雄性的角可以长到1米多长，角通过保护头部的骨板连接。它栖息在热带稀树草原和森林中，栖息地附近要有丰富的青草和水源。成年雄性、未成年水牛、带着小牛的成年雌性会组成群体，数量能达到上千头。它非常好斗，能令狮子闻风丧胆，还会袭击靠近它的人类。

体长：170 ~ 340厘米，尾长70 ~ 110厘米

体重：500 ~ 900千克

分布：撒哈拉沙漠以南的非洲

非洲野水牛经常在稀泥里面打滚，在皮肤上裹上一层泥，不让蚊子和牛蛀有机会下嘴。

5 🚗 340厘米

草原狒狒的尾巴根部向上翘起，然后就像断了似的垂下来。

6. 草原狒狒（*Papio cynocephalus*）

草原狒狒是一种中等体形的猴子，它的长尾巴和突出的口鼻让人联想起狗，其学名的意思便是"狗的头部"。雄性草原狒狒比雌性几乎大1倍，还长有一口强健的牙齿。尽管它是熟练灵巧的攀登者，但更喜欢地面生活。白天它在非洲大草原上寻找食物，夜间则待在稀疏的树林或岩石间休息。一般十几个成员成群结队地生活，在觅食和防御时相互协作。它的食物主要为植物（草、果实和花蕾），但也不会放过一切在路上找到的食物，比如昆虫、蜥蜴、鸟蛋和小型哺乳动物。

体长：50～115厘米，尾长45～70厘米

体重：雄性25～45千克，雌性10～30千克

分布：撒哈拉沙漠以南的非洲

河马的眼睛、鼻子和耳朵都长在脸的上部，以便在游泳时能露出水面。

7. 河马（*Hippopotamus amphibius*）VU

河马是一种适应水陆生活的动物。白天它在湖泊和流速缓慢的河流中休息，夜间则在岸边觅食。它躯干粗圆，四肢短，巨大的头上长着一张极大的嘴。下颌上的犬齿会不断生长，直到变成真正的獠牙，老年雄性河马的獠牙能达到50厘米长。它身上无毛，皮肤裸露，体色呈灰黑色，皮肤褶皱处为粉红色。它的皮肤非常娇嫩，依靠特殊腺体分泌出的油状液体防晒。

体长：200～470厘米，尾长35厘米

体重：雄性1600～3200千克，雌性655～2344千克

分布：撒哈拉沙漠以南的非洲

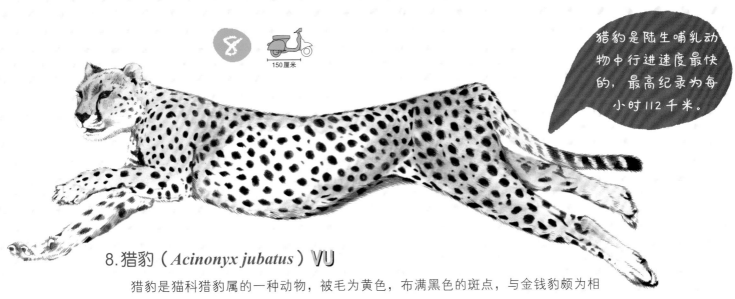

猎豹是陆生哺乳动物中行进速度最快的，最高纪录为每小时112千米。

8. 猎豹（*Acinonyx jubatus*）VU

猎豹是猫科猎豹属的一种动物，被毛为黄色，布满黑色的斑点，与金钱豹颇为相似。它的体形纤细，肩部宽阔，头小，腿细长。它的爪子无法伸缩，有利于奔跑但不便于捕捉猎物。它捕猎的方式与众不同，不是伏击猎物，而是依靠速度追逐猎物，特别是瞪羚。它短时间内的奔跑速度可达每小时100千米。与其他猫科动物不同的是，猎豹几乎只在白天捕食。

体长：112 ~ 150厘米，尾长60 ~ 80厘米

体重：35 ~ 65千克

分布：非洲东部和南部

蝙耳狐的大耳朵也能帮助身体散热。

成年河马能在水中憋气15分钟。

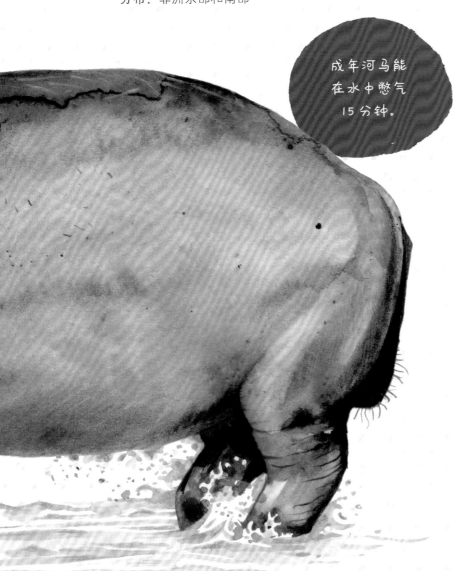

9. 蝙耳狐（*Otocyon megalotis*）

蝙耳狐是一种外观上令人记忆深刻的小型犬科动物，长得颇像狐狸，但耳朵却比狐狸大得多。它的被毛呈灰褐色，四肢、口鼻、耳后及尾尖均为黑色。通常一对夫妻带着幼崽儿群居生活。它主要在夜间捕食昆虫，特别是白蚁。它极为灵敏的听力有助于定位猎物，巨大的耳郭能将每一个细微的声音放大。

体长：46 ~ 66厘米，尾长23 ~ 34厘米

体重：3 ~ 5.3千克

分布：非洲东部和南部

非洲大迁徙

东非的稀树草原上会上演一幕令人印象深刻的壮观景象。大草原的样貌与旱季和雨季的循环紧密相关，雨季让青草生长，为数以百万计的动物提供食物。当青草被逐渐耗尽，食物开始短缺时，大量食草动物就会向新的牧场迁徙。它们是数十万只斑马、羚羊和瞪羚，尤其是角马。每年超过150万头角马从坦桑尼亚境内的塞伦盖蒂国家公园迁徙到肯尼亚境内的马赛马拉国家野生动物保护区，随着降雨范围的变化和青草的生长，它们会重返起点。

无畏穿越

大迁徙中最壮观的景象是横渡大河。成千上万的动物拥挤在岸上，直到第一只鼓起勇气下水，其他动物在一股不可阻挡的力量的推动下紧随其后。许多渡河的动物最终被早已等候在此的鳄鱼杀死或咬伤。

立刻站起来

当角马抵达南部塞伦盖蒂的绿色牧场时，新的生命即将诞生。小角马在落地后五六分钟内便能站立起来，几个小时后便能跟随母亲驰骋。不久后，它们就会踏上前往马赛马拉的旅程。

10. 角马（*Connochaetes taurinus*）

角马是一种大型羚羊，长得酷似牛。头大，肩宽，四肢细长，有一对光滑的新月形角。雄性角马的角最长可达80厘米，并由一块骨质突起连接，雌性角马的角则较短较细。角马的体色呈深石灰色，胸部有一些黑色条纹，嘴、鬃毛和长尾巴也呈黑色。它的脸颊和下巴上有浓密的胡须。它仅以青草为食，群居生活，有时众多个体会结成一个大群体。

体长： 170～240厘米，尾长60～100厘米

体重： 雄性200～270千克，雌性168～233千克

分布： 非洲东南部和南部

角马的胡须为黑色或米色。

10

240厘米

全体行进

分散在广阔平原上的角马群逐渐聚集，排成长列，开始迁往新的草场。

长达45厘米的舌头能将树叶卷起来送入口中，同时避免被树枝上的长刺刺到。

11. 长颈鹿

（*Giraffa camelopardalis*）VU

长颈鹿颀长的脖子让它能够吃到树上最高枝头的叶子。它的体色呈砖红色，身上分布着形状不规则的棕色斑块，斑块的大小和形状随着长颈鹿居住的区域以及个体的不同而变化着。它栖息在干旱的稀树草原上，几乎只吃树叶、种子和果实，金合欢树是它的最爱。雄性长颈鹿会为了争夺地位而相互争斗，它们会把脖子和头当作棍子，猛烈地甩动并撞击对手。

体长：470～570厘米，尾长75～100厘米

体重：雄性1100～1390千克，雌性700～1182千克

分布：撒哈拉沙漠以南的非洲

长颈鹿是世界上最高的哺乳动物。

白犀幼崽儿出生时体重40千克，它会同母亲共同生活2~3年。

12
377厘米

12. 白犀（*Ceratotherium simum*）NT

白犀是仅次于大象的陆地上第二大的哺乳动物，与黑犀（详见第76页）相比，它的体积更大，脖子更长，头部更大，并有方形的上唇，这样更适合吃短草。它的皮肤裸露，体色为灰色。它被称为白犀其实是个误解，因为"white（白色）"与"wide（扁平）"读音相近，命名时将两个词混淆了。白犀也有2个角，前面的角更长一些，同黑犀一样，白犀也因为盗猎几近灭绝。

体长：335~377厘米，尾长57~77厘米

体重：雄性2040~2260千克，雌性1400~1600千克

分布：非洲东部和南部

13. 薮猫（*Leptailurus serval*）

薮猫长得像一只大猫，但它的四肢更长，头更小，还有更大的耳朵和更短的尾巴。它的被毛呈黄色或米色，身上有斑点，尾巴上有宽大的黑色环形条纹。它经常在高草、芦苇和茂密的灌木丛内藏身，是独来独往的猎手，喜欢在晚上或清晨捕食。它特别喜欢捕捉小型啮齿动物，先通过十分敏锐的听觉定位猎物，接着跃起并用爪子将其按住，最后一口咬住对方。

体长：60厘米，尾长25~38厘米

体重：雄性9~18千克，雌性9~12.5千克

分布：非洲

13
60厘米

薮猫耳朵后面有一条醒目的白色条纹。

狩猎归来的非洲野犬会为幼犬和照顾幼犬的成年犬吐出部分食物。

14
110厘米

14. 非洲野犬（*Lycaon pictus*）

非洲野犬学名中的"*pictus*"意思是彩色，这就是它最显著的特征。事实上，它的被毛上有黑色、棕色、麂皮色、白色和黄色的斑点，每个个体的斑点都是独一无二的，除了黑色的口鼻处和白色的尾巴尖。非洲野犬过着紧密的群体生活，每群有几十只成员，只有一对优势夫妻负责繁衍，群体中所有野犬合作抚养幼犬。它们合作狩猎，会将猎物追到筋疲力尽，依靠这样的协作，它们能够杀死比它们大一倍的猎物。

体长：75~110厘米，尾长30~40厘米　体重：18~36千克

分布：非洲中南部

15. 转角牛羚（*Damaliscus lunatus*）

转角牛羚是中型羚羊，在撒哈拉沙漠以南的非洲分布有数个亚种，主要集中于肯尼亚到南非这片区域。它的身上覆盖一层短而光亮的皮毛，身体大部分呈棕红色，这令它的外貌颇具特色。它的角向后弯曲，上面有明显的环状花纹，长度可达40厘米。由于前肢比后肢更长，背部轮廓略显倾斜。它栖息在宽阔的大草原上，由一只领头的雄性带领雌性和小牛羚，总共十几个成员组成族群。

体长：150～205厘米，尾长60厘米

体重：75～160千克

分布：撒哈拉沙漠以南的非洲

16. 黑马羚（*Hippotragus niger*）

黑马羚拥有一身光亮的黑色皮毛，这种体色和弯成半圆形的长角是雄性独有的特征。雄性体格健壮，体态优美，颈部强壮，口鼻处为黑白色，脖子上长有浓密的鬃毛，尾巴末端有簇毛。雌性体形更小些，体色呈红褐色，角也更短。黑马羚通常栖息在长有灌木的大草原上，由一只领头雄性带领几十只雌性和幼羚共同生活。年轻的雄性年满3岁后，便要离开族群，加入雄性单身汉群体，直到征服属于自己的领地。

体长：190～255厘米，尾长40～75厘米

体重：220～238千克

分布：东非，从索马里到安哥拉

雄性转角牛羚经常站在高处放哨，守卫领地。

15

205厘米

雄性黑马羚的角可以长到1.6米长。

16

255厘米

160厘米

长颈羚的外文名"Gerenuk"在索马里语中的意思便是"长着长颈鹿的脖子"。

67厘米

其外文名"Dik-dik"源自它发出的警告声。

17. 长颈羚
（*Litocranius walleri*）NT

　　长颈羚和其他羚羊的不同之处在于拥有细长的四肢和特别长的颈部，因此也被称为"长颈鹿羚羊"。雄性和雌性体形外貌相似，雄性长有七弦琴形的短角。长颈羚体色微红，腹部和腿部内侧为白色，头部小且窄，眼睛周围有白斑，下面有黑点。它在干旱的荆棘草原上独来独往，以树叶为食。觅食时用后腿站立，以便够到高枝上的叶子。

体长：140 ~ 160厘米，尾长22 ~ 35厘米

体重：29 ~ 58千克

分布：东非，从索马里到坦桑尼亚

18. 柯氏犬羚（*Madoqua kirkii*）

　　柯氏犬羚是一种非常小的羚羊，四肢纤细，后腿比前腿更长、更健壮，身体也因此看起来总向前倾。它的眼睛又黑又大，眼圈有白斑，鼻子很长，内有丰富的毛细血管，血液在长鼻里冷却降温，然后再进入身体循环。只有雄性长有尖而直的小角，角会被头上的簇毛遮住一部分。这种动物成对地生活在长着灌木丛的领地里，主要以树叶为食，并从树叶里获取必需的水分。

体长：52 ~ 67厘米，尾长3.5 ~ 5厘米

体重：3 ~ 6千克

分布：东非

19. 小林羚（*Tragelaphus imberbis*）NT

　　小林羚是一种体态优雅的羚羊，四肢细长，毛呈灰褐色，躯干上有数条竖纹以及许多白点，这有助于隐藏在茂密的植被中。雄性长着长长的螺旋角，而雌性则没有角。小林羚主要栖息在非洲大草原边缘的干旱灌木丛中，白天在茂密的植被间休息，晚上外出进食，以树叶、树枝和嫩枝为主，也吃少量的青草和果实。

体长：110 ~ 175厘米，尾长30 ~ 35厘米

体重：60 ~ 105千克

分布：东非

雄性头上的螺旋角长度近1米。

175厘米

黑白世界

　　斑马、马和驴属于同一科。非洲大草原上有3种斑马，它们的特点无一例外都是黑条纹和白条纹相间的体色，就连竖立的鬃毛也呈黑白两色。条纹的排列在3种斑马身上各有不同。现在我们仍不太清楚这种体色的功能到底是什么，普遍认为，黑白之间的对比有助于伪装动物的轮廓，尤其是在晚上，因此可将其视为防御天敌的一种手段。此外，每只斑马身上的条纹排列各不相同，便于种群内成员之间相互识别，就像人类的指纹是识别每个人的方式一样。

20. 细纹斑马（*Equus grevyi*）EN

　　细纹斑马又被称为"皇家斑马"，是非洲大草原上3种斑马中体形最大的，头部又大又长，耳朵大且圆，颈部宽阔而粗壮。它栖息在肯尼亚北部干旱的稀树草原，几乎完全靠食草为生，而且需要经常喝水，必要时甚至会用蹄子在干涸的河床上掘水。雌性带着小马驹结成小群体，而雄性（种马）则负责保卫常年生活的领地。细纹斑马现存几千匹，集中在少数保护区内。

体长： 250 ～ 275厘米，尾长55 ～ 75厘米

体重： 350 ～ 450千克

分布： 肯尼亚北部

全身布满细密的黑白条纹，只有腹部是白色。

20

275厘米

密集的窄条纹从颈部分布到体侧，稀疏的宽条纹分布在臀部。

21. 山斑马（*Equus zebra*）VU

　　山斑马类似于平原斑马，但它更适应生活在干旱和人迹罕至的地方。它依靠格外强健的蹄子，能轻松地在岩石上攀爬。它的喉部有一个喉袋（喉咙处的皮肤褶皱）。山斑马和平原斑马一样，由一只雄性带领一定数量的雌性和小马驹组成小群体共同生活，而其他单身汉则单独成群。当水草稀少时，它也会进食树叶和树枝。它会用蹄子在干涸的河床上挖掘，以寻找水源，还经常洗沙浴以消除寄生虫。

体长：210 ~ 260厘米，尾长40 ~ 55厘米

体重：240 ~ 372千克

分布：非洲南部

21 260厘米

宽条纹一直延续到腹部和四肢内侧。

22. 平原斑马（*Equus quagga*）NT

　　平原斑马也被称为"伯切尔斑马"，是非洲大草原数量最多的食草动物。它的适应性很强，经常在开阔的草原和稀疏的树林活动，以寻找新的草场。斑马群一般包括一只雄性、一定数量的雌性和小马驹。年轻的雄性会单独成群，种马会非常积极地保卫自己的群体，用猛烈踢腿的方式攻击掠食者。它根据雨季循环的时间迁徙，小斑马群会在此时聚集成大群一起活动。

体长：217 ~ 246厘米，尾长47 ~ 56厘米

体重：175 ~ 385千克

分布：非洲东部和南部

22 246厘米

前爪和后爪呈圆盘状，这样有助于抓紧树干。

23

17厘米

23. 蓬尾婴猴（*Galago moholi*）

蓬尾婴猴是一种栖息在稀树草原树丛和河岸树林中的小型原猴。它的头很圆，长着三角形的大耳朵，一双橙色的大眼睛周围有一圈暗色环纹。浓密的尾巴比身体长得多，颜色为深灰色。它通常在夜间活动，会灵巧地从一棵树跳到另一棵树上。它的食物是树汁和树木分泌的树胶。白天，它在树洞中休息，以躲避捕食者。它的叫声像婴儿的啼哭声，因此它的英文名意为"丛林宝宝"。

体长：14～17厘米，尾长20～28厘米

体重：雄性160～255克，雌性142～229克

分布：非洲中南部

24. 斑鬣狗（*Crocuta crocuta*）

斑鬣狗是非洲鬣狗中体形最大、分布最广的一类。它的体色为黄棕色，背部和体侧分布着较暗的斑点。它的头很大，下颌强而有力，长着能嚼碎大骨头的牙齿。它的前肢比后肢长，因此背部向后倾斜。它成群活动，由一名雌性领导，雄性比雌性体形小，处于从属地位。它喜欢吃腐肉，能够嗅到数百米外死亡动物的气味，甚至会从狮子口中偷走猎物。它是非常高效的猎手，依靠团队作战捕获角马、斑马和水牛，甚至还能战胜年幼的长颈鹿和犀牛。

体长：95～165厘米，尾长30～35厘米

体重：雄性40～65千克，雌性45～75千克

分布：撒哈拉沙漠以南的非洲

斑鬣狗会观察秃鹫的行踪，以找到动物尸体的位置。

24

165厘米

25. 非洲野猫（*Felis silvestris lybica*）

非洲野猫被视为家猫的祖先（详见第148～149页），除了腿更长外，它的外形与家猫十分相似。它的毛色为黄沙色或灰褐色，背上的条纹不是很明显，腿部的条纹更清晰。它的尾巴上有暗色环纹，尾尖为黑色。它喜欢独行，在夜间活动，栖息于稀树草原和灌木丛草原上，主要捕捉老鼠、小型鸟类、蜥蜴和大型昆虫。

体长：45～80厘米，尾长24～37厘米

体重：3～8千克

分布：非洲和中东

非洲野猫耳朵后面长着厚密的毛，这是区别于家猫的特征。

25

80厘米

26. 裸鼹鼠（*Heterocephalus glaber*）

裸鼹鼠是一种外貌和举止都十分特别的哺乳动物。它的身体呈圆筒形，肉红色的皮肤裸露在外，只有零星的毛发。它的头大，眼睛极小，耳朵没有外耳郭，长着非常大且突出的门牙。它生活在复杂的地下巢穴内，种群的社会结构与蜜蜂、蚂蚁十分类似，种群中只有一只雌性（鼠后）可以繁殖后代，两三只雄性负责与它交配，其他雌性和雄性则负责照顾、抚养幼崽儿，为种群提供食物（根、鳞茎和块茎），保护巢穴。

体长： 14.7 ~ 16.5厘米，尾长6 ~ 8厘米

体重： 30 ~ 80克

分布： 东非

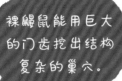

裸鼹鼠能用巨大的门齿挖出结构复杂的巢穴。

16.5厘米

一旦遇到危险，土豚能用爪子在10分钟内挖出一个藏身的洞。

27

130厘米

27. 土豚（*Orycteropus afer*）

土豚又被称作非洲食蚁兽，是一种样貌怪异的哺乳动物，管状的吻部向前突，耳朵像兔耳一样大，尾巴如袋鼠的尾巴一样强壮。它的前脚长有4根脚趾，后脚则有5根，趾端拥有强大而锐利的爪。这些利爪是挖掘的最佳工具，事实上，土豚白天休息时使用的巢穴就是靠这些利爪挖出来的，它们还能挖开蚂蚁和白蚁的巢穴。一旦发现蚁巢，土豚会把30厘米长的黏性舌头伸进去，在里面搜寻幼虫和卵。它强大的尾巴和爪子则用于吓跑攻击者。

体长： 105 ~ 130厘米，尾长70厘米

体重： 60 ~ 82千克

分布： 撒哈拉沙漠以南的非洲

非洲疣猪逃跑时会一直翘起尾巴作为警告信号。

28. 非洲疣猪（*Phacochoerus africanus*）

非洲疣猪是唯一生活在非洲稀树草原和开放丛林地带的野猪。它的躯干呈圆筒形，四肢较短，皮肤较薄，毛发稀疏，只有颈部到背部中间的地方长着浓密的鬃毛。它的头很大，上獠牙向上弯曲，雄性的上獠牙长度可达60厘米，下獠牙短而锋利，从嘴旁露出。此外，它的吻部两侧和双眼之下各长有一对大疣，雄性脸上的疣更为明显。它以草、块茎和鳞茎为食，主要依靠尖利的牙齿和强壮的鼻子在土中挖掘食物。

体长： 90 ~ 150厘米，尾长50 ~ 60厘米

体重： 雄性68 ~ 150千克，雌性45 ~ 71千克

分布： 撒哈拉沙漠以南的非洲

28

150厘米

非洲
在跨越赤道的森林中心

非洲中西部的大部分地区都是茂密的森林。这里全年气温高，雨水充沛，促进了树木的生长，使灌木丛、藤蔓和高草丛生，造就了许多河流、池塘和沼泽。动物资源丰富又具有多样性，除了数千种昆虫、两栖动物和鸟类，还有超过400种哺乳动物栖息在此，包括数十种小型啮齿动物、食虫动物、蝙蝠和猴子，等等。其中最值得关注的是2种大型灵长类——黑猩猩和长着彩色鼻子的山魈。在茂密的树林中隐藏着神秘的㺢㹢狓（见图），它是一种看起来像长颈鹿和斑马杂交后产生的物种，它一直不为人所知，直到20世纪初才被欧洲人发现。

1 145厘米

1.红河野猪（*Potamochoerus porcus*）

　　红河野猪是生活在热带雨林和灌木丛里的一种野猪。它的体色呈麂皮色，四肢呈黑色，口鼻处有黑白斑点，头部和尾部之间有一条狭窄的白色脊背线，面部长有面具般的白毛，而细长的耳朵末端也长有一簇白毛。成年雄性吻部上方有一对大疣。红河野猪群居生活，一只雄性野猪会占据主导地位，几只雌性带着幼崽儿跟随它。它通常夜间活动，杂食性，用鼻子和尖牙从土中刨出根、块茎和鳞茎食用，也吃果实、昆虫、蜗牛、鸟蛋、小型啮齿动物和动物尸体。

雌性红河野猪会将干草和树叶铺在窝内以生育幼崽儿。

体长：105～145厘米，尾长30～40厘米
体重：45～115千克
分布：非洲中部和西部

2.树穿山甲（*Phataginus tricuspis*）**EN**

　　树穿山甲最突出的外观特征便是全身覆盖着坚硬的三角形鳞片。它的吻部细长，四肢短，足上长有5根尖利的爪子，尾部比身体还长。这种穿山甲会花很多时间待在树上，它依靠可以卷曲的尾巴在树枝上爬来爬去，当然也会下到地面上。它主要吃蚂蚁和白蚁，会用黏黏的长舌头捕捉食物。遇到危险时，它能蜷成球状，并来回滚动，用鳞片的锋利边缘攻击天敌。如果母亲跟孩子一同遇险，母亲会把蜷成球的孩子包裹在自己蜷成的大球内。

树穿山甲没有牙齿，依靠吞食的小石子和沙子在胃里磨碎食物。

体长：33～43厘米，尾长49～62厘米　体重：4.5～14千克
分布：非洲中部

2 43厘米

黑猩猩会用石头打碎果壳，用棍子把白蚁从穴道内引诱出来。

3 92厘米

3.黑猩猩（*Pan troglodytes*）**EN**

　　黑猩猩是类人猿（即外貌与人相似的动物），属于人科。它有很长的手臂和较短的后肢，身体覆盖着深棕色或黑色的毛发，面部、大耳朵和手脚裸露，脚上有对置的拇趾，这有助于抓握树枝。黑猩猩多数时间是在树上度过的，它会用树枝和树叶在树上搭建休息和睡觉的大窝，它在地上也能灵巧地移动。它是杂食动物，吃水果、树叶、鸟蛋、昆虫和蜂蜜，也会捕捉鸟类和小动物，包括较小的猴子。

体长：63～92厘米
体重：雄性34～70千克，雌性26～50千克
分布：非洲中部

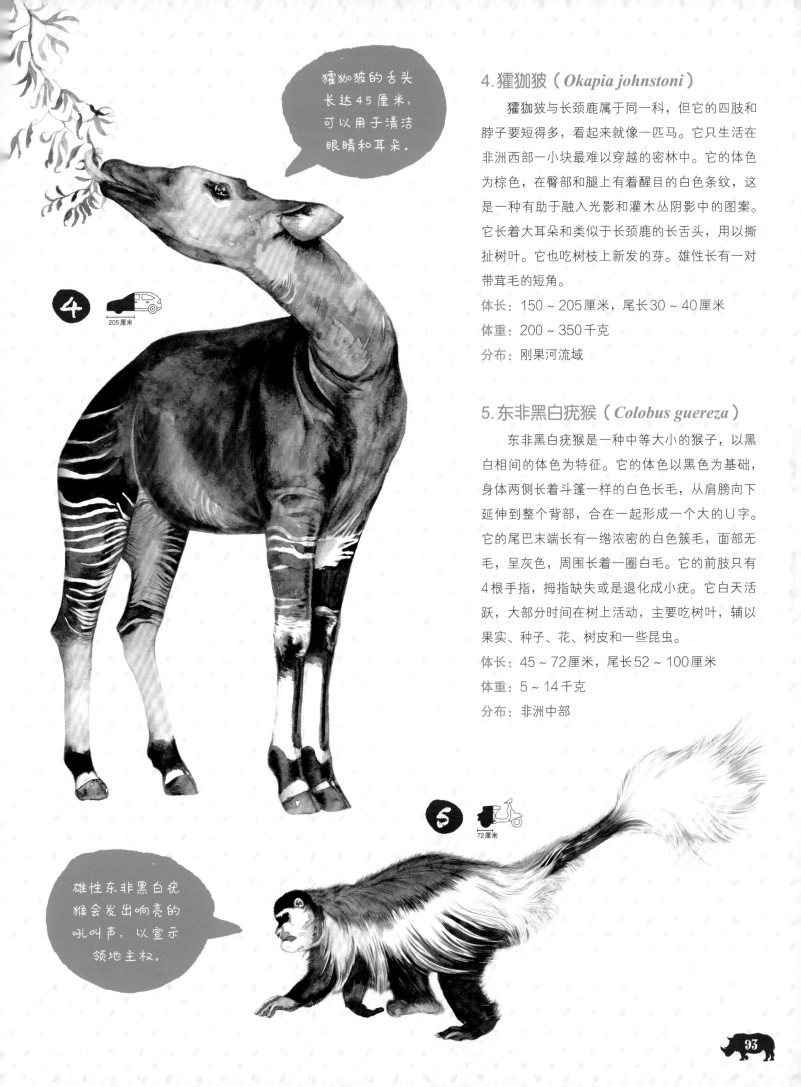

獾㺢狓的舌头长达45厘米，可以用于清洁眼睛和耳朵。

4.獾㺢狓（*Okapia johnstoni*）

獾㺢狓与长颈鹿属于同一科，但它的四肢和脖子要短得多，看起来就像一匹马。它只生活在非洲西部一小块最难以穿越的密林中。它的体色为棕色，在臀部和腿上有着醒目的白色条纹，这是一种有助于融入光影和灌木丛阴影中的图案。它长着大耳朵和类似于长颈鹿的长舌头，用以撕扯树叶。它也吃树枝上新发的芽。雄性长有一对带茸毛的短角。

体长：150～205厘米，尾长30～40厘米

体重：200～350千克

分布：刚果河流域

5.东非黑白疣猴（*Colobus guereza*）

东非黑白疣猴是一种中等大小的猴子，以黑白相间的体色为特征。它的体色以黑色为基础，身体两侧长着斗篷一样的白色长毛，从肩膀向下延伸到整个背部，合在一起形成一个大的U字。它的尾巴末端长有一绺浓密的白色簇毛，面部无毛，呈灰色，周围长着一圈白毛。它的前肢只有4根手指，拇指缺失或是退化成小疣。它白天活跃，大部分时间在树上活动，主要吃树叶，辅以果实、种子、花、树皮和一些昆虫。

体长：45～72厘米，尾长52～100厘米

体重：5～14千克

分布：非洲中部

雄性东非黑白疣猴会发出响亮的吼叫声，以宣示领地主权。

丛林中的巨人

在非洲中西部的丛林内栖息着2种大猩猩，它们虽然外观和行为都十分相似，但动物学家仍认为它们是独立的物种。一种被称为"西部大猩猩"，生活在刚果河及其支流；另一种则被称为"东部大猩猩"，生活在乌干达、肯尼亚和卢旺达。两者现存数量都很少，被视为极度濒危动物。它们的生存威胁主要源于其生活的森林被破坏，以及盗猎者的捕杀。

一只成年大猩猩每天要吃大约30千克的食物。

威慑

大猩猩是最大的类人猿。雄性大猩猩被称为"银背"，因为随着时间的推移它的背部会逐渐变为灰色。雄性大猩猩看起来很可怕，它拥有庞大的身躯，长长的肌肉手臂和宽阔有力的胸膛。大猩猩吼叫时会露出牙齿，并猛烈地捶胸，令人印象深刻。但实际上这只是为了吓跑天敌，并非真的要进攻。大猩猩其实是非常平和的动物，它们会尽量避免发生冲突。

7

185厘米

6.西部大猩猩（*Gorilla Gorilla*）**CR**

　　所有西部大猩猩的体形都很庞大，手臂非常长，后肢较短，可以用后肢走路，但只能走几步。它正常的步态是四肢着地，双手指关节撑地，身体倾斜。它的头很大，口鼻扁平，头骨细长。西部大猩猩比东部大猩猩略小，手臂更长，鼻孔也更大。它的全身被黑色或深灰色长毛，色调比东部大猩猩略浅，有时也呈棕色调。它的皮肤呈黑色，面部、手和耳朵均无毛。

体长：135 ~ 180厘米

体重：80 ~ 150千克

分布：非洲中西部

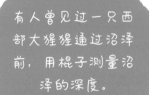

有人曾见过一只西部大猩猩通过沼泽前，用棍子测量沼泽的深度。

❻ 180厘米

7.东部大猩猩（*Gorilla beringei*）

　　东部大猩猩与西部大猩猩非常相似，这个物种的雄性比雌性更高更重。尤其是被称为"平原东部大猩猩"的亚种，它是体形最大的亚种，一只成年雄性的重量能达200千克。另一个亚种是"山地东部大猩猩"，它栖息在位于乌干达、卢旺达和刚果民主共和国边界上的维龙加山脉，它的体形更小一些，体毛也更长更厚，能起到保暖的作用。

体长：150 ~ 185厘米

体重：90 ~ 205千克

分布：非洲中部

德氏长尾猴进食时，会将食物塞满颊囊。

8

63厘米

8. 德氏长尾猴（*Cercopithecus neglectus*）

德氏长尾猴是由法国探险家皮埃尔·萨沃尼昂·德·布拉柴发现的，他是最早探索刚果河地区的欧洲人中的一员。德氏长尾猴是中等大小的猴类，尾巴极长但无法卷曲。它的被毛为灰橄榄色，背部有部分白毛，大腿、尾巴和四肢上有白色条纹。它的头部毛色丰富，鼻子周围和胡子皆为白色，额头上有一块新月形的橙色斑纹，头顶毛发厚密，仿佛披着一条黑色的头巾。当它受到威胁时，会蹲下以隐藏身体的有色部位，甚至数小时不动弹，直到威胁解除。

体长：40 ~ 63厘米，尾长90 ~ 150厘米

体重：4 ~ 7千克

分布：非洲中部

9. 紫林羚（*Tragelaphus eurycerus*）

紫林羚是一种生活在森林中的羚羊，皮毛呈红棕色，体侧有10 ~ 15条细细的白色条纹，鼻子和腿上有黑白相间的斑纹。这种体色虽然看起来很显眼，但事实上这有助于混淆动物的轮廓，使其在浓密的森林中不容易被发现。雄性独行，而雌性和未成年个体会组成群体。它在夜间活跃，喜欢吃青草和嫩叶，长舌头可以把食物卷起来。

体长：170 ~ 250厘米，尾巴45 ~ 65厘米

体重：雄性240 ~ 405千克，雌性210 ~ 235千克

分布：非洲中西部

雄性和雌性都长着螺旋形的角。

9

250厘米

10. 非洲灵猫（*Civettictis civetta*）

非洲灵猫是一种食肉动物，身上的皮毛呈银灰色或奶油色，布满褐色斑点，颈部有黑白条纹，眼周有面具状黑色环斑。尾巴较粗，上面有一圈圈暗色环纹。它习惯在夜间活动，独来独往，非常害羞，杂食性，吃果实、小型啮齿动物、鸟蛋、鸟类、昆虫和腐肉。它会用尾巴下面腺体的分泌物标记领地，这种分泌物会散发出非常强烈的麝香味，该物质几百年来一直被用于制作香水。也因为这个原因，非洲灵猫被大量猎杀，一些非洲国家也会人工养殖它们。

体长：60 ~ 90厘米，尾长43 ~ 60厘米

体重：12 ~ 15千克

分布：撒哈拉沙漠以南的非洲

非洲灵猫的分泌物气味浓烈，三四个月都不会散去。

⑩ 🛵 90厘米

11. 山魈（*Mandrillus sphinx*）

山魈是世界上最大的猴科灵长类动物。雄性山魈最明显的特征便是细长的鼻子，鼻梁和鼻孔周围为红色，两侧为蓝色。它的臀部呈蓝色和紫色，其颜色会因为兴奋而变得格外鲜艳。它的体毛呈橄榄色，尾巴极短，笔直地向上翘起。雌性和未成年的小山魈由一只雄性带领组成大群体，而大多数雄性则独自生活。它是杂食性动物，主要吃果实、种子、蘑菇，以及昆虫、蜥蜴、青蛙和小型脊椎动物。它通常会在白天到地面活动，晚上则躲在树上休息。

体长：55～95厘米，尾长8厘米

体重：10～37千克

分布：非洲赤道地区

12. 倭河马

（*Hexaprotodon liberiensis*）**EN**

倭河马也叫侏儒河马，与河马（详见第78～79页）同属一个家族，外观和行为非常相似，主要区别在于体形小很多。从比例上看，倭河马的头更小，而四肢更长，眼睛位于头部两侧而不是像其他河马那样朝向顶部。独居且在夜间活动，只在池塘或溪流附近驻足，白天会潜入水中降温。以各种草本植物、蕨类植物和水生植物为食。

体长：150～175厘米，尾长20厘米

体重：160～275千克

分布：非洲中西部

⑪ 🛵 95厘米

山魈外文名字mandrill的意思为"猴人"，源自英文man（人）和drill（猴子的一种）。

倭河马可以在潜水时睡觉，浮出水面透气时也不会醒过来。

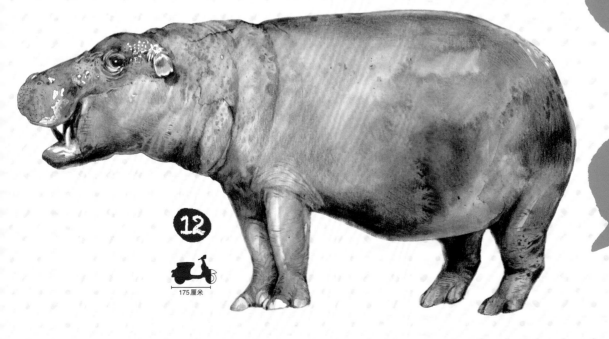

⑫ 🛵 175厘米

在狐猴之岛

　　马达加斯加岛是世界第四大岛，位于非洲东海岸 400 千米之外。它与非洲板块以及印度板块分离已有数百万年之久，这种分离使岛上的动植物发展出多种独特的特征。生活在马达加斯加岛的动物 80％ 都是特有物种，即只存在于这个岛上。最值得一说的当数狐猴，比如环尾狐猴、维氏冕狐猴（见图）以及大狐猴。当欧洲的动物学家对这些未知动物进行分类时，其巨大而闪亮的眼睛和夜行习性，让人们联想到邪恶的灵魂，所以并用古罗马神话中的"lemuri"为其命名，意为在夜间游荡的可怕鬼魅。后来，这个名字就一直用来表示这类猴子的近亲，尽管它们有昼伏夜出的习性，但事实上它们是完全无害的。

1.环尾狐猴（*Lemur catta*）**EN**

环尾狐猴是与树木关联最少的一类狐猴，主要栖息在干燥的灌木环境中。它的背部呈灰色，腹部呈白色。长而突出的吻部、白色的面孔、黑色鼻子以及眼周的黑色斑点，共同构成了环尾狐猴独特的样貌。它的头顶也是黑色的，尾巴长于身体，上面有26个黑白相间的环纹。它是杂食动物，以树叶、花朵、花蜜、果实和树汁为食，也吃昆虫、鸟蛋、变色龙和小鸟。群体内成员数量众多，由一名雌性统领，群内等级森严，雌性的地位高于雄性。

体长：39～46厘米，尾长56～63厘米　体重：2.5～3.5千克

分布：马达加斯加特有

环尾狐猴的眼睛在未成年时为天蓝色，成年后才变为橙黄色。

1

46厘米

2.大狐猴（*Indri indri*）**CR**

大狐猴是体形最大的狐猴，与其他狐猴不同的是，它的尾巴极短。它的体色为黑色或灰色加白色，面部皮肤裸露，手脚和圆形耳朵上覆盖着黑毛。它通常栖息在沿海和山地森林中，基本都生活在树上。它善于跳跃，依靠长后腿的推力在树枝间跳来跳去。大狐猴通常以家庭为单位集小群生活，一对夫妻带着孩子活动。群体的领地意识很强，每天早上都会用长达3分钟的"歌唱"来宣示主权。

体长：62～74厘米，尾长3～4厘米　体重：6～9.5千克

分布：马达加斯加特有

马达加斯加的一些岛民将大狐猴视为神圣的人类祖先。

2

74厘米

维氏冕狐猴橙色的大眼睛显得格外醒目。

红领狐猴要花费很多时间清洁它厚密柔软的皮毛。

指猴细长的手指非常灵巧，可以用来挖果肉。

3. 维氏冕狐猴（*Propithecus verreauxi*）**EN**

维氏冕狐猴的皮毛呈白色、厚密且柔软，臀部、头顶和四肢有棕色斑点，面部裸露且呈黑色，手和脚也是黑色的。它的尾巴和身体一样长，通常栖息在森林中，白天活动。它的动作极其敏捷，可以飞跃相隔10米的树枝，以树叶、树皮和花朵为食，夜间躲在茂密的树叶里休息。它一般集小群生活，与其他狐猴种群一样，雌性占据领导地位。它在地面上的移动的样子非常有特色，侧身跳跃并举起双臂，仿佛在跳一种舞蹈。

体长：45 ~ 55厘米，尾长43 ~ 56厘米

体重：3 ~ 7千克

分布：马达加斯加特有

3　55厘米

4. 指猴

（*Daubentonia madagascariensis*）**EN**

指猴是一种夜间活动的狐猴，它喜欢在树木上层活动，白天在树枝和树叶做成的窝里休息。它的外观非常特别，体毛浓密，呈深棕色或黑色，尾巴长于身体，尾毛蓬松，形似扫帚。它的脸为灰色，有个粉红色的鼻子，眼睛大，虹膜为橙色，还有无毛的三角形大耳朵，这有助于它听到最细微的声音。它最特别的地方在于中指，细长得像一根棍子，可以用来寻找树干里的昆虫幼虫。它会用手指敲击树皮来断定里面是否有虫，如果听到空响声，就用门齿将树皮啃出一个小洞，再用中指将虫抠出来。

体长：36 ~ 44厘米，尾长56 ~ 61厘米

体重：2 ~ 2.7千克

分布：马达加斯加特有

4　44厘米

5. 红领狐猴（*Varecia rubra*）**CR**

红领狐猴最显著的特点当数艳丽的红色皮毛，背部略呈黄褐色，腹部呈黑色。它的尾巴比身体还长，尾毛又黑又厚密，手和脚也是黑色的。它的黑色面孔与耳朵周围麂皮色半圆状的毛发形成对比，脖子后面有一块白斑。它完全依赖森林生活，喜欢待在树冠处。它白天活跃，以果实、花蜜和花粉为食。它是唯一一胎能生多只幼崽儿的狐猴，通常一胎能生2 ~ 3只，甚至多达6只。出于这个原因，母猴不会把小猴抱在怀里养育，而是把它们留在一个铺满毛发的树叶窝内。

体长：50厘米，尾长60厘米　体重：3 ~ 4千克

分布：马达加斯加特有

5　50厘米

亚洲　在印度半岛的
丛林和沼泽之间

印度半岛上分布着众多栖息地，从茂盛的丛林到真正的草原和沙漠，从广阔的芦苇荡到遍布河流、沼泽、三角洲的红树林。如此多样的环境造就了非常丰富的动物生态，数百种哺乳动物在此繁衍生息，但同时它们必须与十几亿人共同生活在这片土地上。许多物种如今只存在于保护区，另一些则不得不与人类近距离接触。森林沼泽仍然容纳了许多种类的猴子、鹿、羚羊、水牛、亚洲象和印度犀牛，以及数量众多的小型哺乳动物。在食肉动物中，除了狼、鬣狗、豹子之外，最具尊贵地位的当数老虎。下图中，一只老虎正在追逐一头鹿。

雌性印度假吸血蝠外出时，会让幼蝠抓住自己的腹部，带着它一起捕食。

1
9.5厘米

2
210厘米

孟加拉虎在水中能游数千米，一跳能跃出8~10米。

3
330厘米

年长的雌性白肢野牛带领族群吃草时，雄性会负责保卫。

1.印度假吸血蝠（*Megaderma lyra*）

　　印度假吸血蝠是一种中型蝙蝠，背部为灰褐色，腹部为浅灰色。它的耳朵很大，呈椭圆形，根部连在一起；鼻叶（一种特殊的鼻子结构，有助于辨识声波）突起，又大又圆。这种蝙蝠白天隐蔽在山洞、建筑物、空心树或坑洞内，傍晚开始外出捕食，在近地面的空中静静地飞行，以捕捉大型昆虫、蜘蛛、蜥蜴、小鸟、老鼠或其他蝙蝠。

体长： 6.5~9.5厘米

体重： 40~60克

分布： 印度和东南亚

2.孟加拉虎（*Panthera tigris tigris*）EN

　　虎（*Panthera tigris*）在亚洲大部分地区都有分布，分为几个亚种，栖息于印度半岛的是孟加拉虎，又被称为"印度虎"。它是一种大型猫科动物，有着标志性的橙黄色被毛，全身布满了黑色或棕色的条纹，喉咙和腹部皮毛的底色为白色，面部和耳朵也有少量白色区域。它的花纹虽然看起来很显眼，却有助于它融入芦苇或高草之间，在森林明暗变换的光影中伪装。它经常单独活动，喜欢伏击捕猎，尤其是捕捉大型食草动物——鹿、羚羊、水牛和野猪。

体长： 雄性185~210厘米，雌性150~165厘米，尾长90~100厘米

体重： 雄性180~258千克，雌性100~160千克

分布： 印度半岛

3. 白肢野牛（*Bos frontalis*）VU

白肢野牛是一种体形巨大、气势磅礴的野牛，有着闪亮的红棕色或棕黑色皮毛，穿着白色"袜子"（小腿下部）。雌雄都长着月牙形的角，最长可达1米。雄性比雌性更大更结实，有浅色的冠隆，颌下有一个艳丽的肉垂。

一头成年雄性、几头雌性和它们的幼崽儿会组成群体，它们早上外出吃草，夜间返回森林深处的安全地带过夜。

体长：250～330厘米，尾长70～105厘米　体重：650～1000千克

分布：印度、中南半岛、马来西亚

4. 冠毛猕猴（*Macaca radiata*）

④ 60厘米

为了获取食物，冠毛猕猴会袭击人类。

冠毛猕猴的名字源于它头部两簇高高竖起的冠毛，就像有趣的头饰。它的体色为灰褐色，面部无毛且布满皱纹，雄性面部为棕色，雌性为粉红色，长着突出的三角形耳朵。它们经常成群结队地出没，族群成员数量众多，白天活跃于地面和树上，树是它们避难和休息的地方。除了在森林中，在城市里也时常能觅得其踪迹。它会在垃圾中寻找食物，并且跑到花园和房屋里捣乱。它还喜欢在寺庙中游荡，从游客手中获取食物，甚至偷取供品。生活在森林里的猴群以果实、树叶和昆虫为食。

体长：35～60厘米，尾长35～68厘米

体重：雄性5.5～9千克，雌性3.5～4.5千克

分布：印度南部

5. 大蓝羚（*Boselaphus tragocamelus*）

大蓝羚是一种外形独特的大型羚羊。它的身体健硕，但头部很小，四肢较细，前腿比后腿长，因此整个身躯微微向后倾斜。雄性体色呈蓝灰色，雌性则呈黄褐色。浓密的鬃毛从肩部一直延伸到颈背，喉咙处有白色斑点，雄性的喉咙下方有一绺下垂的毛发，长10～15厘米。它喜欢在散布着灌木和树木的开阔草原上活动。雌性与幼崽儿组成群体，而雄性则独自生活。

大蓝羚的学名意为"鹿-牛-山羊-骆驼"，这描述了它的外形与其他动物的相似之处。

体长：170～210厘米，尾长50厘米

体重：雄性109～288千克，雌性100～213千克

分布：印度半岛

⑤ 210厘米

如黑夜般漆黑

记得《丛林故事》里引导男孩毛克利，并保护他免受伤害的黑豹巴希拉吗？它在书中被描写成"黑色的花豹"。这种在夜色中几乎无法被看到的黑色猫科动物，一直萦绕在我们的脑海中。事实上，黑豹并不是作为一个物种存在的，*Panthera*一词出现在好几种大型猫科动物的学名中，从狮子（*Panthera leo*）到虎（*Panthera tigris*），从美洲虎（*Panthera onca*）到花豹（*Panthera pardus*）。《丛林故事》中的巴希拉恰恰是一只有着特殊毛色的花豹，因为基因突变，黑色斑点变多变大，最终覆盖了全身。这种现象被称为"黑色变异"，在猫科动物中，它主要出现在2个物种身上——花豹和美洲虎。

6. 黑色变异的花豹
（*Panthera pardus*）

详见第77页

在花豹中，黑色变异很常见，据统计，10%的花豹会出现这样的情况。在自然界中，人们曾在非洲观察到过黑化的花豹，但实际上，黑豹主要分布在印度和东南亚。黑豹多见于茂密的热带森林，那里光线昏暗，而黑色动物的体色能更好地融入周围的环境，也更便于捕食。动物园里也有很多"黑豹"，因为它们神秘的外表让游客们着迷。

213厘米

森林中其他的黑色动物

生活在美洲大陆的美洲虎也会出现黑化现象。根据动物学家的研究，大约6%的美洲虎会黑化。但它们的黑化并不彻底，其身上原本的斑纹仍然可见。

出生即黑化

花豹幼崽儿出生时可能就已经黑化了，即便它们的父母都是正常毛色。不过，父母双方都是黑化毛色的花豹，也会生出体色正常的幼崽儿。

7.灰懒猴（Loris lydekkerianus）NT

    灰懒猴是灵长目的一员，长得像小猴子，但许多方面又颇为特别。它没有尾巴，四肢又长又细，手小而脚大。灰懒猴的眼睛非常大，夜视能力极佳。它生活在森林中，大部分时间都在树上度过。夜间，它会独自捕食，在树枝间缓慢而安静地移动，捕捉昆虫，尤其喜欢蚂蚁、白蚁、蜘蛛和其他无脊椎动物。白天，它们会成小群地睡在一起，将树枝缠绕起来保护自己。

体长：22 ~ 25厘米

体重：180 ~ 290克

分布：印度南部

> 眼睛周围有一圈黑色环纹，在白色的脸上更显突出。

> 遇到捕食者来袭时，印度羚会一跃而起为族群示警。

8.印度羚

（Antilope cervicapra）NT

    印度羚身材纤细，四肢细长。雄性上体为棕色，随着年龄的增长会变成青黑色，而下体为白色，吻尖呈白色，眼睛周围有一大块白色斑点。雌性的体色分布与雄性相似，但颜色却呈淡黄色或浅黄褐色。只有雄性长有"开瓶器"般的角，其长度可达70厘米。这种羚羊群居生活，每个族群约有50个成员，由一名雄性率领。印度羚不仅奔跑速度很快，而且耐力也好，时速可达80千米。

体长：100 ~ 150厘米，尾长22厘米

体重：雄性30 ~ 60千克，雌性20 ~ 33千克

分布：印度和巴基斯坦

> 人们将驯化的灰獴养在家中以消灭老鼠和蛇。

9.灰獴（Herpestes Edwardsii）

    灰獴是体形修长的小型食肉动物，四肢短小，大多生活在长有稀疏灌木或树木的干燥开阔地。它是孤独的猎手，可以捕猎各种各样的猎物：老鼠、蜥蜴、鸟类、蝎子，也吃鸟蛋、果实、浆果和植物的根。灰獴最出名的本领当数对抗蛇的能力，就连剧毒的眼镜蛇也不会令它退缩。它的动作非常敏捷，能设法躲开蛇的攻击，同时不停地进攻蛇，直到蛇累得不能动弹，它便迅速做出反应，咬住蛇头并将其杀死。

体长：38 ~ 46厘米，尾长35厘米

体重：1 ~ 4千克

分布：从阿拉伯到印度

> 斑鹿逃跑时会竖起尾巴，露出尾下白毛，向同伴示警。

10. 斑鹿（*Axis axis*）

斑鹿是一种中型偶蹄类动物，黄褐色的身体上布满了白色斑点。斑点是许多鹿科动物的典型特征，幼鹿出生即有斑点，斑点不会随着成长而消失，也不会变化。雄性斑鹿有近1米长的角，鹿角每年脱落并重新生长。几十只斑鹿聚集成群，它们一起在草地上吃草，夜间藏在茂密的植被中休息。

体长： 100~150厘米，尾长15~20厘米

体重： 雄性30~85千克，雌性25~45千克

分布： 印度

11. 白眉长臂猿（*Hylobates hoolock*）

白眉长臂猿是一种生活在印度半岛狭小森林里的类人猿。雄性体毛为黑色，雌性为棕色，雌雄共同的特点是眼睛上方长着白色眼眉。它的前肢很长，习惯挂在树枝上，这种技术被称为"挂枝"。它是一夫一妻制，夫妻一起生活并抚养后代，幼崽儿会和父母一起生活到成年。每对夫妻都会用悦耳的"二重唱"来标示领地。

体长： 60~90厘米

体重： 6~9千克

分布： 印度东部

11 90厘米

白眉长臂猿依靠双臂把自己悬挂在树枝上，像荡秋千似的荡跃前进，每小时能移动56千米。

12. 野水牛（*Bubalus arnee*）**EN**

野水牛生活在印度，体形巨大。成年雄性比雌性更大，是世界上最大的牛。它那扁平且向外翻的牛角可达2米长。它大部分时间都泡在泥水中，以此来保护自己免受高温和昆虫的侵害，在温度降下来之后才会出来吃草。雌性带着小牛组成群体，成年雄性则独自生活。它是家养水牛的祖先（详见第151页）。

体长： 240~300厘米，尾长60~100厘米

体重： 600~1200千克

分布： 印度和东南亚

野水牛长着牛科动物中最长的角。

12 300厘米

亚洲
在大陆的狂野中心

雄伟的喜马拉雅山脉包含了地球上最高的山峰，将印度半岛与亚洲中部分隔开来。这是一片广阔且人烟稀少的地区，气候恶劣，冬季寒冷。从南到北是连绵不断的山脉和青藏高原，一望无际的蒙古平原和戈壁沙漠，以及被广阔森林覆盖的西伯利亚，那里的冬季很漫长。生活在这些环境中的每一个物种都特别引人注目，从在岩石斜坡上猎杀野羊的雪豹（见图）到戈壁沙漠上的骆驼，从东北虎到长着奇怪长鼻子的高鼻羚羊，从十分罕见的大熊猫到小巧多彩的小熊猫……

1.雪豹（*Panthera uncia*）EN

　　雪豹是一种中型猫科动物，头部相对较小，圆圆的耳朵较短，尾巴较长。它的皮毛十分厚实，尤其到了冬天，更像是披了一件厚外套，毛色呈淡黄色至灰色，背部和臀部有灰黑色玫瑰花形状的斑点。它生活在海拔较高的山脉上，在高山草甸和岩石间活动，冬季会跟随猎物下到低海拔山区。它是独行的猎手，能够捕捉牦牛那么大的动物，也吃旱獭和老鼠这样的小型啮齿动物，而它最常吃的食物是岩羊。

体长：100～130厘米，尾长80～100厘米

体重：25～75千克

分布：亚洲中部

雪豹幼崽儿出生在母豹用自己毛发铺就的温暖巢穴之中。

厚密的毛发能帮助牦牛抵御零下40摄氏度的严寒。

1

130厘米

2.牦牛（*Bos grunniens*）VU

　　牦牛是生活在高海拔地区严酷气候环境中的一种牛科动物。它有一身非常浓密的黑色或深棕色长毛，雌雄都长有角，雄性的角最长可达1米，尾巴上蓬松的长毛与马尾有些相似。它善于爬坡，在最陡峭的斜坡上也能平稳、快速地前行。在中国的西藏自治区，许多牦牛都是家养的。家养牦牛体形略小，体毛也呈多种颜色。牦牛被用来在陡峭的山坡上运载重物。此外，人们也会用到它的皮、肉和奶，它的干粪为树木稀少的地区提供了燃料。

体长：250～330厘米，尾长60厘米

体重：305～820千克

分布：青藏高原

2

330厘米

藏野驴是野驴中体形最大的。

214厘米

3.藏野驴（*Equus kiang*）

　　藏野驴是一种头大且凸出的野驴，有着相当短的耳朵和像马一样毛茸茸的尾巴。它的上半身呈榛子色，腹部和鼻尖都是白色。冬季，它的体色会变成更浓重的褐色。它的背部有一条棕色条纹，鬃毛短且直立。它栖息在干燥的草原上，最高能到海拔7千米。雌性和未成年的小野驴组成群体，由一头年长的雌性领导，成年雄性大多独来独往，并守卫自己的领地。

体长：184～214厘米，尾长32～45厘米

体重：雄性350～400千克，雌性250～300千克

分布：青藏高原

4.岩羊（*Pseudois nay*）

　　岩羊因毛色呈灰棕色或板岩灰色而被称为"蓝羊"。雄性长有巨大的角，长度可达80厘米，横向延伸后弯曲，然后向上翘，形似人类大把的胡须。雌性的角更短更直。岩羊在陡峭的岩石山坡上吃草，一有危险便会迅速躲避。

体长：115～165厘米，尾长10～20厘米

体重：35～75千克

分布：青藏高原

5.藏羚（*Pantholops hodgsonii*）EN

　　藏羚生活在高海拔的草原上。一年大部分时间中，雌性和未成年的小藏羚会组成大群体，而成年雄性则独立生活，只有在繁殖期或冬季无雪的草原上，成年雄性才会加入大群体。藏羚的体色为奶油色，面部和四肢前部为深棕色。只有雄性长角，角又直又长，最长可达70厘米。藏羚贴身的绒毛极细、极保暖，被称为"纱图什"，用其制作的精美羊绒披肩十分昂贵。由于纱图什只能从活体藏羚身上获取，致使每年都有成千上万的藏羚被盗猎者杀害。

体长：120～130厘米，尾长18～30厘米

体重：26～40千克

分布：青藏高原

4

165厘米

遇到危险时，岩羊会保持一动不动，让自己的体色和周围岩石融为一体。

5

130厘米

休息时，藏羚会在地上挖个浅坑，将整个身子匿伏其内，以抵御风沙。

6
345厘米

6.双峰驼（*Camelus bactrianus*）CR

　　双峰驼的特点是背部有双驼峰，许多亚洲国家都会养殖这种动物，用它运输货物。这种动物的野生种群现在只生活在蒙古国的戈壁沙漠和中国新疆。它的体色呈深褐色，头部、颈部和腿部的毛发更长更厚密。其背部有2个大驼峰，用于储备脂肪。健康状态下的驼峰笔直且丰满，如果内部脂肪被耗费掉，驼峰便会软弱无力，侧倒下来。

体长：225 ~ 345厘米，尾长35 ~ 55厘米

体重：300 ~ 690千克

分布：中国西部和蒙古国

> 双峰驼一次能喝57升水，用于补充体内流失的水分。

7.高鼻羚羊（*Saiga tatarica*）CR

　　高鼻羚羊的外貌特征明显，头大，鼻部特别隆大而膨起，鼻孔下弯盖住嘴巴。鼻部的这种结构可能是为了过滤灰尘并在寒冷空气到达肺部前将其加热。它的身体健壮，四肢细，尾巴短。它的体色呈红黄色，腹部的毛色夏季较浅，冬季变得更深，且更长更厚。只有雄性长有奶油色的角，长约30厘米。该物种正在因为盗猎而迅速减少，主因是传统医学认为其角可以入药。

体长：100 ~ 140厘米，尾长6 ~ 13厘米

体重：26 ~ 69千克

分布：亚洲

7
140厘米

> 雄性之间的求偶之战非常激烈，失败者常常因此失去生命。

60厘米

9.沙狐（*Vulpes corsac*）

沙狐也被称为"草原狐狸"，它看起来像红狐狸，但体形更小，且四肢更强壮，耳朵也更大更尖。它的皮毛厚实而柔软，呈灰色或浅黄色，腹部、下颌和喉部颜色较浅。它栖息在荒原和半沙漠草原，会避开植被丰富的区域和人类居住的地方。沙狐是一夫一妻制，雄性参与幼崽儿的抚养。它主要在夜间活动，捕捉小型啮齿动物，比如田鼠和仓鼠，也吃昆虫和浆果。

体长：45 ~ 65厘米，尾长19 ~ 35厘米

体重：1.6 ~ 3.2千克

分布：亚洲中部

> 兔狲行动不算迅速，遇到危险时，会藏身于岩石中。

8.兔狲（*Otocolobus manul*）

兔狲是一种大小与家猫相似的猫科动物。它的外观非常特别，圆圆的头上长着很短的吻部，前额较宽较高，毛茸茸的耳朵长在头的两侧，白色胡须很长。它的四肢短，但全身被毛很长，呈灰色或红色，背部和前肢有黑色的细条纹。它的尾巴毛很浓密，上有暗色环纹，尾巴尖为黑色。它栖息在山区和岩石较多的草原，是独来独往的夜行动物，白天在岩石缝隙或废弃的巢穴中休息，傍晚开始行动，主要捕食小型啮齿动物。

体长：50 ~ 60厘米，尾长21 ~ 31厘米

体重：2 ~ 5千克

分布：亚洲中部

> 沙狐会把猎物藏起来，以便二次享用。

> 普氏野马的鬃毛不是垂在颈部两侧的，而是竖直的。

10.普氏野马（*Equus ferus przewalskii*）EN

普氏野马是唯一现存的野马物种。人们曾以为它于19世纪中叶灭绝，如今生活在野外的种群是从动物园里仅存的数匹野马野化而成，蒙古国的野马种群已经繁衍到几百匹了。与家马相比，野马的身体更加结实健壮，四肢和脖子较短，头大，只有红棕色一种体色，尾巴和鬃毛为黑色。大多数动物学家认为普氏野马并非家马的祖先，而是一个亚种，其学名为 *Equus ferus przewalskii*，而家马的学名为 *Equus ferus caballus*（详见第148 ~ 149页）。

体长：180 ~ 220厘米，尾长90厘米

体重：200 ~ 300千克

分布：中亚地区

220厘米

待拯救的自然大使

　　大熊猫是一种黑白相间的熊科动物，外表平和迷人，生活在中国中西部的一些地区。几十年来，它一直是保护濒危动物的国际象征。大熊猫的自然栖息地大量缩小且变得支离破碎，加之它的出生率极低，事实上很少有幼崽儿出生。为此，中国政府建立了多个保护区来保护该物种。

11.大熊猫（*Ailuropoda melanoleuca*）

　　大熊猫令人一眼难忘，大部分毛色为白色，四肢和肩部为黑色。它的眼周有大大的黑色斑点，使它看起来既有趣又忧郁。大熊猫属于熊科动物，并且有一些非常特别的特征。事实上，尽管它拥有食肉动物的牙齿和消化系统，但它几乎只吃竹子，这一糟糕的饮食偏好，迫使它花费更多的时间在吃上。此外，由于不同种类的竹子会在一年中不同时期发芽，它必须经常迁徙才能找到可以吃的食物。

体长：120 ~ 190厘米

体重：70 ~ 160千克

分布：中国中西部

11　190厘米

大熊猫每天要消耗超过10千克的竹叶和竹笋。

伪拇指

　　大熊猫的前掌上长有5根尖利的脚趾，但在前掌的前部还长着1根"拇指"，这实际上是腕骨突出来形成的。依靠这根"伪拇指"，大熊猫的前掌几乎变成了手，令它能牢牢地抓住竹子，以便啃食竹子嫩软的部分。

被全世界熟知的标志

    1961年，当世界野生动物基金会——为保护野生动物和它们的生境而创建的组织——成立时，需要设计一个协会的标志。大熊猫被选中了，它不仅是生存受到威胁的物种，还有着特别的黑白被毛和温柔的外表。从此，大熊猫成了保护环保的象征。

新生儿极少

    大熊猫幼崽儿出生时就像小猫，仅有100克重，视力还未发育，且身上只有一层薄薄的皮毛，需要3个星期才能睁开眼睛，3～4个月才能自主爬行。

母爱尽显

    大熊猫是独行动物。雄性和雌性只有在繁殖期才会待在一起几天，之后雌性要独立生养幼崽儿。大熊猫幼崽儿的哺乳期是6个月，它要同母亲共同生活2年，跟母亲学习如何吃竹子。母子间的关系非常亲密，经常一起玩耍。

羚牛会长途跋涉以寻找含盐的食物。

12. 羚牛（*Budorcas taxicolor*）VU

　　羚牛是一种长相特别的大型食草动物，体形粗大，被毛厚密，四肢较短，头部较小，雌雄皆有短角。它栖息在高海拔的草原上，冬季会下到植被丰富的低海拔山谷中觅食。夏季成群活动，大群中的成员甚至多达数百个，而在寒冷的冬季，则分散成更小的群体。羚牛吃草、乔木和灌木的叶子，当大雪覆盖大地时，还有常绿植物的树叶和树枝供其食用。

体长：170 ~ 220厘米，尾长15厘米

体重：150 ~ 400千克

分布：中国南部和西藏自治区

220厘米

13. 罗伯罗夫斯基仓鼠（*Phodopus roborovskii*）

　　罗伯罗夫斯基仓鼠生活在灌木丛生的沙砾沙漠中，它会在地下挖掘多条地道，以通向铺有干草的巢穴和存放着过冬所需食物的各个房间。它的背部呈沙色，而腹部则为白色，耳朵非常小，眼睛上方有白色斑点。它的脸颊内有颊囊，以便将觅得的种子和草带回洞中储藏。它在夜间活动，一晚上能移动40千米。

体长：5.3 ~ 8.1厘米，尾长0.7 ~ 1.1厘米

体重：17.5 ~ 27克

分布：蒙古国和中国北部

经常在沙子中洗澡，以保持毛发的干净和柔亮。

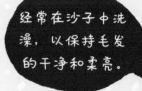
8.1厘米

小熊猫是灵活的攀爬者，下树时头朝下爬行。

62厘米

14. 小熊猫（*Ailurus fulgens*）VU

　　小熊猫是食肉动物中的一员，尽管它现在吃的都是植物。它的被毛色彩鲜艳，背部为红褐色，腹部和四肢为黑色，蓬松的尾巴上有暗红色和棕色相间的环纹。它的吻部为白色，眼睛下方有棕色条纹，耳朵尖而多毛，亦为白色。它栖息在茂密的竹林里，竹叶是它的主要食物。它是独行动物，夜间活跃，白天睡在树洞里。它会在睡醒后花费很长的时间整理皮毛、清洁口鼻，然后才会离开巢穴。

体长：56 ~ 62厘米，尾长37 ~ 47厘米

体重：3.7 ~ 6.2千克

分布：喜马拉雅山脉及中国南部

15. 大耳猬（*Hemiechinus auritus*）

顾名思义，大耳猬的耳朵很大，呈三角形。这是它适应沙漠和干旱草原环境的结果，大耳朵有助于散热，并使听力更加敏锐。白天，它在位于灌木底部的巢穴内休息；晚上，它会外出寻找昆虫、果实和鸟蛋，有时候甚至吃蜥蜴和小蛇。它是独行动物，一晚上可以移动10千米左右以寻找食物。为了保护自己免受天敌的侵害，它会蜷起身体，竖起棘刺，不过更多的时候它会选择快速逃跑以摆脱危险。

体长： 12～27厘米，尾长1～5厘米　**体重：** 250～400克

分布： 从埃及到中国

16. 紫貂（*Martes zibellina*）

紫貂是鼬科的小型食肉动物，与貂是亲戚。它的皮毛厚密，在冬季尤盛，毛色从黄棕色到深棕色。吻部毛色通常较浅，耳朵边缘的三角区颜色也较浅。它生活在针叶林中，白天活动，善于爬树，捕杀小型啮齿动物、松鼠和鸟类。因为它的皮毛非常柔软且有光泽，所以价格昂贵，几个世纪以来，一直被人类猎杀，几乎灭绝。得益于人工养殖，紫貂的野生种群不再受到生存威胁。

体长： 35～56厘米，尾长7～12厘米　**体重：** 700～1800克

分布： 亚洲东北部

紫貂会把猎物藏起来，在食物短缺时享用。

大耳猬刚出生时身上只有几根棘刺，等到两周后周身的棘刺才会长全。

15 27厘米

16 56厘米

17. 西伯利亚虎（*Panthera tigris altaica*）**CR**

西伯利亚虎，又被称为"东北虎"，是生活在西伯利亚和中俄边境一小块区域的老虎亚种，其种群数量只有几百只。它的外观和大小与孟加拉虎非常相似（详见第104页），两者间的主要区别在于毛皮的颜色，孟加拉虎体色略浅，带有深棕色条纹，而西伯利亚虎的条纹更深。在冬季，为了抵御恶劣的天气，西伯利亚虎的被毛会变得更厚、更轻。

体长： 雄性178～208厘米，雌性167～182厘米，尾长88～101厘米

体重： 雄性180～306千克，雌性100～187千克　**分布：** 东西伯利亚

西伯利亚虎被称为"百兽之王"。

17 208厘米

亚洲
在热带雨林的神秘世界

在印度半岛以西和中国以南，亚洲大陆延伸出来的陆地和岛屿将印度洋和太平洋分开。这里气候炎热潮湿，雨量充沛，发展出广阔的热带森林和丰富的动物群落。这里生活着各种各样的猴子，比如有趣的长鼻猴和包括婆罗洲猩猩在内的3种不同种类的猩猩（非洲之外唯一的类人猿），这里还生活着3种不同的犀牛、貘和神秘的猫科动物（比如云豹），以及数以百计更小也更不显眼的物种。但遗憾的是，这些森林越来越多地被人类入侵，以致生活在那里的动物正处于濒临灭绝的严重危险中。

1. 婆罗洲猩猩（*Pongo pygmaeus*）EN

婆罗洲猩猩是一种巨大的类人猿，长着很长的手臂和橘红色的皮肤，毛发很长，特别是肩膀上的毛发，像披着一条披肩。它的面部无毛，皮肤灰白，雌性和雄性的喉咙下面都有颊囊，成年雄性的颊囊特别大，发声时起共鸣作用。与大部分时间都待在地上的大猩猩和黑猩猩不同，婆罗洲猩猩几乎总在树上，它可以敏捷地从一根树枝移动到另一根树枝，寻找成熟的果实，这是它的基本食物。只有年老的雄性会因为太重而无法在树枝上安全地移动，不得不留在地面上生活。

体长：雄性120～170厘米，雌性100～120厘米

体重：雄性50～100千克，雌性30～50千克

分布：婆罗洲

> 随着年龄的增长，雄性会长出巨大的灰色面盘和胡须。

> 锡奥岛眼镜猴一跃能达6米远，是它身长的40倍！

14厘米

2. 锡奥岛眼镜猴（*Tarsius tarsier*）VU

锡奥岛眼镜猴是一种非常迷你的灵长类动物（它属于猴类），栖息在苏拉威西岛的热带雨林中。这种眼镜猴被毛柔软，呈灰色或灰黑色，尾巴很长，近乎裸露，只长有稀疏分散的毛发。它有一双大眼睛和又大又灵敏的耳朵，手指和脚趾又细又长。白天，它睡在树洞里，日落后才出来活动。它是唯一纯肉食的灵长类动物，主要捕食昆虫，也吃蜥蜴、小型鸟类，甚至还会捕捉飞行中的蝙蝠。

体长：9.5～14厘米，尾长20～26厘米　体重：102～130克

分布：印度尼西亚

> 婆罗洲猩猩会把宽大的树叶用作遮雨的雨伞。

1

170厘米

3

32厘米

大狐蝠依靠扇动翼手为身体降温。

马来熊的舌头长达25厘米，便于伸进蚂蚁穴或白蚁丘。

3.大狐蝠（*Pteropus vampyrus*）NT

大狐蝠并不吸食血液，而是以花蜜和成熟的果实等为食。与食虫蝙蝠不同，大狐蝠不使用超声波定位，它依赖的是清晰的视力。它的头形与犬类相似，有突出的大耳朵，毛色为红棕色，翼手无毛，肤色为黑色。白天，它倒挂在树枝上，翼手如斗篷般将身体包裹起来。数百只大狐蝠会共同栖息在森林深处的某棵大树上，在日落时分，它们纷纷飞离居所，前去寻找开花的树木和成熟的果实。

体长：26 ~ 32厘米

体重：650 ~ 1100克

分布：菲律宾、马来西亚和印度尼西亚

4.黑冠猕猴（*Macaca nigra*）CR

黑冠猕猴通体黑色，脸颊又扁又长，头顶有一撮立起来的簇毛。尾巴退化，几乎看不到。它通常生活在苏拉威西岛的雨林中，成群活动，大部分时间待在地面上，只有觅食和睡觉时会在树上。它主要以果实为食，果实匮乏时，还会吃嫩叶、嫩芽、昆虫、小型哺乳动物和鸟蛋。这个物种正在持续减少，既因为雨林被砍伐开垦成耕地，也因为它被视作美味的食物，遭到人类无情地猎杀。

体长：44 ~ 60厘米，尾长2厘米

体重：5.5 ~ 10千克

分布：印度尼西亚

黑冠猕猴橙棕色的眼睛在黑色的脸庞上尤显突出。

4

60厘米

5.马来熊（*Helarctos malayanus*）VU

马来熊生活在茂密的热带低地森林中。全身黑色，仅在胸前有黄色或白色U形斑纹，但并非每只马来熊都长有这样的斑纹。它的足底裸露，长着镰刀般锋利的瓜钩。马来熊在夜间活跃，它敏捷地在树上爬上爬下，大部分时间都待在树上，无论睡觉还是晒太阳。蜜蜂、蚂蚁、白蚁等昆虫是马来熊主要的食物，它能用强壮的爪子抓开树桩和腐烂的树干，将白蚁丘撕碎。

体长：120 ~ 150厘米

体重：27 ~ 65千克

分布：从喜马拉雅山到马来西亚

150厘米

濒临灭绝

　　犀牛不只生活在非洲，也生活在亚洲，在亚洲繁衍生息的犀牛共有3种。可惜的是，人们为了获得犀牛角，一直在对它们进行捕杀。在传统医药中，犀牛角被认为是治疗多种疾病的良药，因此被卖到了天价。在这种环境下，即使犀牛受到保护，也只能在少数几个国家公园内生存，并仍然面临着无良偷猎者的猎杀。在3个亚洲犀牛物种中，印度犀的境况相对没那么糟糕，估计还有2000头左右的成年个体。苏门答腊犀的数量据估计不到300头。最糟糕的当数爪哇犀，总数量现在已经减少到60头以下了，如此少的数量，使拯救该物种变得希望渺茫。

6

380厘米

印度犀不论雌雄都长有独角，且最长能达36厘米。

6.印度犀
(Rhinoceros unicornis) VU

　　印度犀是亚洲现存3种犀牛中体形最大的。它裸露的皮肤呈灰褐色，皮肤上有数层大褶皱，好像披着一层厚厚的铠甲，肩部、臀部和腿上有鼓起的结节。成年雄性比雌性大，颈部有许多褶皱。生活在草原上的印度犀以草、树叶和果实为食。它经常要潜入水中以保持皮肤湿润，并以洗泥巴浴的方式保护自己免受蚊虫叮咬。

体长：雄性368~380厘米，雌性310~340厘米，尾长60~70厘米

体重：雄性2200~2600千克，雌性1400~2000千克

分布：印度北部、尼泊尔

7.爪哇犀（ *Rhinoceros sondaicus* ）

　　爪哇犀曾经遍布东南亚，如今只有印度尼西亚爪哇岛还有很少的个体，曾经也在越南发现过十几头爪哇犀，但目前认为该物种已经在越南完全灭绝了。它的皮肤呈灰色，肩部、背部和后肢有大褶皱，看起来像穿了金属盔甲。它是独角犀牛，仅雄性有角，尾巴末端有一簇毛。它是食草动物，喜欢吃树叶和长茎草。在最热的时候，它会长时间泡在水中保持皮肤湿润。

体长：300~320厘米，尾长50~70厘米

体重：900~2300千克

分布：爪哇

7 320厘米

爪哇犀强壮的角最长可达25厘米。

8.苏门答腊犀（*Dicerorhinus sumatrensis*）

　　苏门答腊犀是现存5种犀牛中体形最小的，与非洲犀牛一样，长有2个角，且雌雄皆有角。它的皮肤呈深灰色或砖红色，两条深褶皱将躯干和四肢区分开来，身上长有稀疏的毛。无论雌雄均独居，并会保卫自己的领地。它的食物构成包括树叶、树苗、竹子和果实。该种犀牛曾经一度分布在从印度到印度尼西亚的广阔区域，如今只生活在少数保护区内。

体长：236～318厘米，尾长35～70厘米

体重：500～1000千克

分布：马来西亚、苏门答腊和婆罗洲

8 318厘米

2个犀牛角都比较粗，最长可达20厘米。

9.苏拉威西鹿豚（*Babyrousa celebensis*）

苏拉威西鹿豚是一种圆筒形身材的野猪，腿相对细长。它的吻部很长，与其他猪相比，它的鼻尖不是钝圆的，而是尖的，并且很少用于拱土。它的皮肤呈棕灰色，有许多褶皱，长着稀疏的短毛。雄性的主要特点在于獠牙，上颌的犬齿往上长，刺穿吻部皮肤后向前额方向卷曲，形成一个半圆。在与其他雄性发生冲突时，这些从嘴里突出来的锋利獠牙也许能起到威慑作用。

体长：85 ~ 110 厘米，尾长 20 ~ 32 厘米

体重：43 ~ 100 千克

分布：印度尼西亚（苏拉威西）

雌性苏拉威西鹿豚的上犬齿通常缺失或发育不全。

110厘米

10.鼷鹿（*Tragulus kanchil*）

鼷鹿虽然名字里有"鹿"字，但它的样子却与鹿相差甚远。它的身体呈圆筒形，四肢短且十分细小，蹄子也是迷你尺寸。雄性不长角，但有2颗犬齿会从嘴里冒出来。它的体色为红棕色，身上部分体毛颜色略深。下颌为白色，有2条白色条纹从颈部延伸到腹部。它是夜行动物，不会离开森林中茂密的灌木丛半步。为了避免引起捕食者的注意，它会一动不动地定在原地，直到警报解除。

体长：44 ~ 48 厘米

体重：1.7 ~ 2.6 千克

分布：东南亚

鼷鹿是有蹄类动物中最小的一种。

48厘米

11.马来貘（*Tapirus indicus*）**EN**

马来貘的毛色黑灰分明，它的长相十分奇特，身体后半部分呈浅灰色，前半部分和后肢则是黑色。它的鼻部延长，末端柔软且下垂，眼睛小，大耳朵边缘镶着白边。它的前肢有4根脚趾，后肢则只有3根脚趾，都有蹄。它在潮湿的森林里过着独居的生活，喜欢近水而居，夜间十分活跃，会长途行走以寻找嫩叶、芽、树枝和水果。

体长：185 ~ 240 厘米

体重：250 ~ 320 千克

分布：马来西亚、泰国和印度尼西亚

马来貘柔软的鼻子如同象鼻一般，可以撕下树叶和树枝，并将其送入嘴里。

240厘米

12. 云豹（*Neofelis nebulosa*）**VU**

云豹是一种中等大小的猫科动物，腿短且粗壮，尾巴又长又浓密。它的名字源于身体上灰色晕染并带黑边的椭圆形斑点，因其酷似天空中的云朵。它独居且夜行，栖息在东南亚郁郁葱葱的森林中。它追逐猴子和哺乳动物幼崽儿时动作之敏捷令人叹为观止，它会向陆地上的哺乳动物发动突袭，甚至敢袭击如鹿般大小的猎物。尽管云豹是保护动物，但仍然有盗猎者会为了获得它的皮毛或能入药的身体部位而对其进行猎杀。

体长：75～105厘米，尾长79～90厘米

体重：11～23千克

分布：印度北部到中国南部和中南半岛

云豹可以头朝下从笔直的树干上爬下来。

13. 长鼻猴（*Nasalis larvatus*）**EN**

长鼻猴是生活在婆罗洲大岛上的猴子，尤其是在河流沿岸的森林中。它的毛色是黄褐色，肩部微红，四肢的绝大部分和尾巴都呈灰色，面颊裸露、呈奶油色，长着一圈淡黄色的胡须。长鼻猴最明显的特征当数鼻子。雄性的鼻子大而肿胀，下垂到嘴边，而雌性的鼻子则很短，呈三角形且向上翘。

体长：雄性66～72.6厘米，雌性53.3～62厘米，尾长80厘米

体重：雄性16～22.5千克，雌性7～12千克

分布：婆罗洲

长鼻猴是出色的游泳高手，可以潜到水下20米深处。

大洋洲

在这片土地上的有袋动物

新几内亚岛是排在格陵兰岛之后地球上第二大岛，这里山峦叠障、植被茂盛、人烟稀少。而另一边的澳大利亚却拥有如马赛克拼图般多样的气候环境，从热带雨林到干燥的桉树林和金合欢林，从大草坪到沼泽和真正的沙漠。这种多样的栖息环境哺育了许多特殊的动物群，包括所有单孔目动物、原始哺乳动物和几乎所有现存的有袋动物，比如灰袋鼠、有趣的考拉（见图）、塔斯马尼亚袋鼠等。这里除了有少数本地的胎生哺乳动物（蝙蝠、啮齿动物、海豹、海狮和鲸类），还有欧洲定居者带来的新物种。其中一些新物种造成了非常负面的后果，比如在草原上泛滥成灾的野兔，还有狐狸、老鼠和猫，它们都是本地物种的可怕天敌。

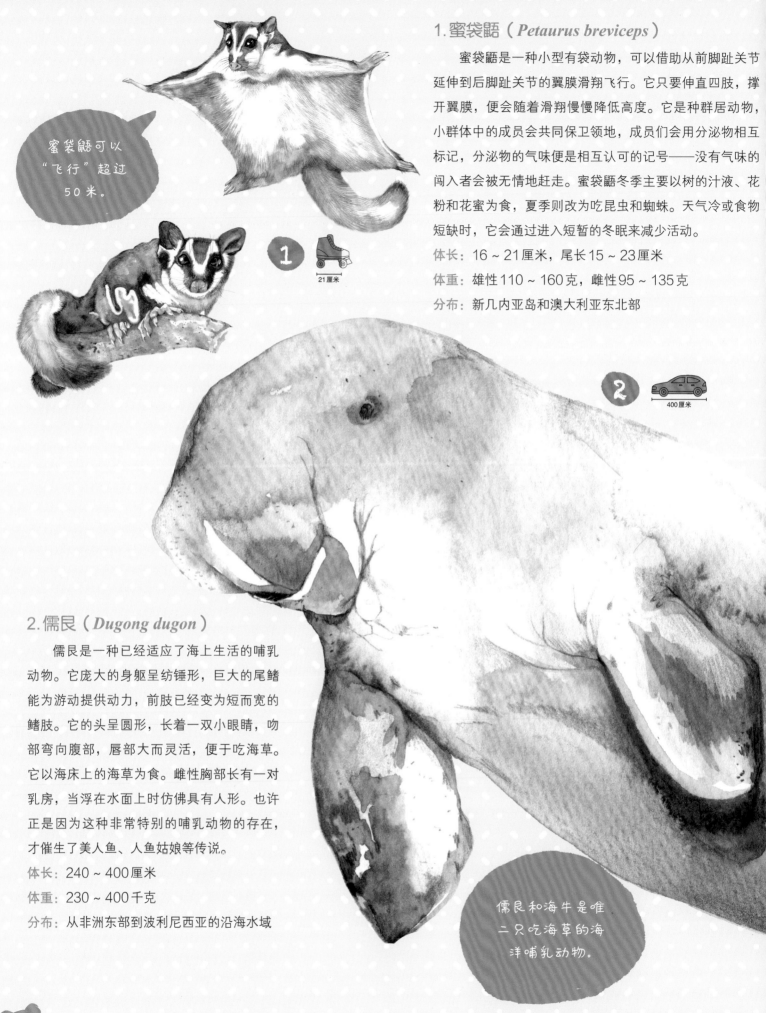

1.蜜袋鼯（*Petaurus breviceps*）

蜜袋鼯是一种小型有袋动物，可以借助从前脚趾关节延伸到后脚趾关节的翼膜滑翔飞行。它只要伸直四肢，撑开翼膜，便会随着滑翔慢慢降低高度。它是种群居动物，小群体中的成员会共同保卫领地，成员们会用分泌物相互标记，分泌物的气味便是相互认可的记号——没有气味的闯入者会被无情地赶走。蜜袋鼯冬季主要以树的汁液、花粉和花蜜为食，夏季则改为吃昆虫和蜘蛛。天气冷或食物短缺时，它会通过进入短暂的冬眠来减少活动。

体长：16 ~ 21厘米，尾长15 ~ 23厘米

体重：雄性110 ~ 160克，雌性95 ~ 135克

分布：新几内亚岛和澳大利亚东北部

蜜袋鼯可以"飞行"超过50米。

21厘米

400厘米

2.儒艮（*Dugong dugon*）

儒艮是一种已经适应了海上生活的哺乳动物。它庞大的身躯呈纺锤形，巨大的尾鳍能为游动提供动力，前肢已经变为短而宽的鳍肢。它的头呈圆形，长着一双小眼睛，吻部弯向腹部，唇部大而灵活，便于吃海草。它以海床上的海草为食。雌性胸部长有一对乳房，当浮在水面上时仿佛具有人形。也许正是因为这种非常特别的哺乳动物的存在，才催生了美人鱼、人鱼姑娘等传说。

体长：240 ~ 400厘米

体重：230 ~ 400千克

分布：从非洲东部到波利尼西亚的沿海水域

儒艮和海牛是唯二只吃海草的海洋哺乳动物。

3. 斑袋貂（*Spilocuscus maculatus*）

斑袋貂跟家猫差不多大小，尾巴长、末端无毛并带鳞片，便于缠绕在树枝上。它的头很圆，耳朵极小且隐藏在毛里不易被看见，眼周有一圈黄橙色的无毛带。它的皮毛很厚，雄性一般是灰色或褐色，背上有白色斑点，而雌性通常通体白色，没有斑点。它生活在森林和椰子种植园内，夜间活动，主要以树叶、嫩枝和果实为食。

体长：雄性51.5～55.5厘米，雌性48.5～52.5厘米，尾长31～43.5厘米

体重：雄性4～4.8千克，雌性3～4.1千克

分布：新几内亚岛和澳大利亚东北部

3 55.5厘米

斑袋貂有着像蛇一样垂直的瞳孔。

古氏树袋熊的幼崽儿会在妈妈的育儿袋里生活10～12个月。

4 77厘米

4. 古氏树袋熊（*Dendrolagus goodfellowi*）**EN**

古氏树袋熊长得像袋鼠，不同之处是它生活在树上，因此后腿较短，前腿更长更强壮，有强壮有力的脚趾用于攀爬。它的毛发浓密，呈红棕色或红褐色，背部下部有2条金色条纹，腹部、吻部和四肢呈黄色。它的尾巴颜色较浅，并带有黑色环斑。作为独居动物，古氏树袋熊喜欢待在树上，下到地面时会短距离跳跃或四肢着地前行。它的食物是树叶和果实，也吃少量的花和草。

体长：55～77厘米，尾长70～84厘米

体重：5.9～9.5千克

分布：新几内亚岛

5 27厘米

纹袋貂的头身比是有袋类动物中最大的。

5. 纹袋貂（*Dactylopsila trivirgata*）

纹袋貂是一种毛茸茸的小型有袋类动物，尾巴长，像一只黑白相间的松鼠。其实，它的皮毛底色为白色，上面有3条黑色的宽条纹。它的尾巴不仅长，还能卷曲，颜色为黑色，尖端通常为白色。它栖息在繁茂的森林里，动作十分敏捷，甚至可以头朝下沿着树干爬行。它在夜间活动，昆虫、树栖蚂蚁、白蚁和幼虫都是它的心头好。前肢的第四趾最长，爪子弯曲，便于抓取树干中的幼虫。

体长：25.6～27厘米，尾长30～35厘米　　体重：246～569克

分布：新几内亚岛和澳大利亚北部

6.毛尾袋鼠（*Bettongia penicillata*）**CR**

毛尾袋鼠是一种小型有袋类动物，栖息在森林内繁茂的灌木丛和高草丛内。它是一种独居动物，夜间活跃，白天躲藏在巢穴内。它会在灌木丛遮掩的地上挖一个浅浅的坑，上面铺上树皮和干草做出窝。毛尾袋鼠会保卫自己的领地，领地之内通常有好几个窝以及觅食的地点。它的食谱包括蘑菇、根茎、鳞茎、树根和昆虫。幼崽儿在育儿袋中只待98天，然后便与母亲一起生活，直到新的幼崽儿出生。

体长：30 ~ 38厘米，尾长29 ~ 36厘米

体重：1.1 ~ 1.6千克

分布：澳大利亚西南部

毛尾袋鼠能用长尾巴收集和运输做窝的材料。

6

38厘米

黑尾袋鼠能用短小而灵巧的前肢抓握食物。

7

85厘米

7.黑尾袋鼠（*Wallabia bicolor*）

黑尾袋鼠和袋鼠属于同一科，它有适合跳跃的强壮后腿和一条能起支撑作用的长尾巴，但体形较小。它栖息在植被丰富的森林和沼泽地带。它的体色为深棕色，腿和尾巴偏黑，脸颊上有一条黄色斑带。雄性比雌性大。它独居且夜行，吃嫩草、树叶和芽。它既可以短距离跳跃，也能四肢着地行走。

体长：雄性72 ~ 85厘米，雌性66.5 ~ 75厘米；尾长：雄性69 ~ 86厘米，雌性64 ~ 73厘米

体重：雄性12.3 ~ 20.5千克，雌性10.3 ~ 15.4千克

分布：澳大利亚大陆

8.黄足岩袋鼠（*Petrogale xanthopus*）**NT**

如其名字所示，黄足岩袋鼠生活在草原边缘的岩石区域或岩石裸露的干燥环境中，那里有可供其藏身的岩洞和裂缝。它是体色最多彩的袋鼠，身体上部毛色为灰色，腹部呈白色，耳朵、四肢都是深黄色或红色，此外背部有一条褐色的条纹，脸颊、腹侧和臀部还有白色条纹，而尾巴上则是红色和褐色相间的环纹。它是夜行动物，主要吃草，在草不够吃时，也会吃树叶和灌木的叶子。

体长：48 ~ 65厘米，尾长57 ~ 70厘米

体重：6 ~ 11千克

分布：澳大利亚大陆

8

65厘米

黄足岩袋鼠喜欢在岩石上跳来跳去，一跃能跳4米远。

灰袋鼠会在地上
跺脚以发出警报，
仿佛敲鼓一般。

9. 灰袋鼠（*Macropus giganteus*）

尽管学名中使用了"*gigateus*（巨大）"这个词，事实上灰袋鼠并非最大的袋鼠，赤大袋鼠（详见第134页）就比它大。和所有袋鼠一样，灰袋鼠的后肢又长又有力，长着一条用于支撑的粗壮长尾巴，而前肢则又短又细。它的毛发为灰色，白天会在开阔的草原上吃草，并在灌木丛中休息。刚出生的灰袋鼠幼崽儿比樱桃还小，它要在妈妈的育儿袋里待足9个月才能出来。

体长：85 ~ 140厘米，尾长90 ~ 105厘米

体重：雄性50 ~ 66千克，雌性17 ~ 40千克

分布：澳大利亚东部和塔斯马尼亚岛

9 140厘米

10. 塔斯马尼亚袋鼠

（*Thylogale billardierii*）

塔斯马尼亚岛是澳大利亚南部的大岛。塔斯马尼亚袋鼠外形酷似灰袋鼠，其身材结实精悍，尾巴相当短。雄性比雌性大。它的体毛浓密而柔软，上体呈褐色或灰褐色，胸部为红色。它是独居动物，栖息在茂密的热带雨林中，以各种草本植物、嫩芽和富含花蜜的花朵为食。幼崽儿要在育儿袋中生活6个月。

体长：60厘米，尾长40厘米

体重：3.9 ~ 12千克

分布：塔斯马尼亚岛

塔斯马尼亚袋鼠不
会在距离庇护自己
的树木超过100米
的地方活动。

10 60厘米

在育儿袋里长大

有袋类动物是非常独特的哺乳动物。雌性没有乳房，乳头长在肚子上一个被称为"育儿袋"的口袋里，与能分泌乳汁的腺体相连。刚出生的幼崽儿要立刻爬到育儿袋中，并在里面停留一段时间，不同物种在育儿袋内待的时间也不同。在本页中，我们选择赤大袋鼠作为典型的示例来介绍育儿袋。

11. 赤大袋鼠（*Macropus Rfus*）

赤大袋鼠是最大的袋鼠，也是现存最大的有袋类动物。它的吻部呈方形，有长而尖的耳朵。前肢短而细，且有锋利的趾甲，后肢长而有力。尾巴又长又粗，能在动物大跃进时保持身体平衡，静止时又能成为身体的第三个支撑点。雄性的毛发为黄色，更大更强壮，雌性则呈灰色。它生活在开阔、干旱的环境中。白天温度高时，它会在树荫下休息和避暑；黄昏温度降低时，它便开始活动，四处吃草。

体长：雄性130～160厘米，雌性85～105厘米；尾长：雄性100～120厘米，雌性65～85厘米

体重：雄性55～90千克，雌性18～40千克

分布：澳大利亚大陆

11 160厘米

赤大袋鼠一跃能跳8～9米远。

拳击比赛

赤大袋鼠是群居动物，群体内成员数量众多，由一些雌性和一只或多只雄性组成。只有最强的雄性，才能与雌性交配，为此雄性之间总是爆发激烈的竞争，它们相互挑战以证明自己的实力。它们会用前肢挥拳攻击，必要时还会用尾巴抽打或用强壮的后肢猛烈地蹬踹对手。

如樱桃般大小

赤大袋鼠一胎只生一只幼崽儿。刚出生的小袋鼠极小，只有几厘米长，重量不到1克。它其实远未发育好，眼睛看不见，浑身无毛，仅舌头、嘴巴和四肢的肌肉是发达的。出生后的小袋鼠顺着母亲身上被舔湿的毛发自行爬到育儿袋中，进袋后会自主吮吸育儿袋中的乳头，获得营养丰富的乳汁。

在育儿袋里成长

小袋鼠出生后的70天里，要一直含着母亲的乳头喝奶，才能快速长大，完成发育。然后，它开始小心翼翼地从育儿袋里探出头，观察外面的世界。在出生后第190天左右，它鼓起勇气跳出育儿袋活动，只在吃饭和休息时回到育儿袋内。差不多8个月大的时候，它终于要彻底离开育儿袋了，但它还会继续吃奶，直到12个月大。

12. 澳洲野犬（*Canis lupus dingo*）VU

从学名可以看出，澳洲野犬与狼和狗属于同一物种。实际上，澳洲野犬是3500年前亚洲的航海者带到澳大利亚的狗的后代。几个世纪以来，它们已经回归到野外生活，如今遍布整个澳大利亚大陆。与狼相比，澳洲野犬体形更小，不那么修长，头呈三角形，吻部短，毛色从奶油色到红黄色不等。成小群生活，由一对占绝对优势的夫妻率领，也只有它们可以繁衍后代。

体长：88.5 ~ 92厘米，尾长30厘米　体重：9.6 ~ 19.4千克

分布：澳大利亚大陆，东南亚有孤立种群

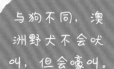

与狗不同，澳洲野犬不会吠叫，但会嚎叫。

12 92厘米

13. 袋食蚁兽（*Myrmecobius fasciatus*）EN

袋食蚁兽曾经遍布澳大利亚，如今却少到只在澳大利亚西部地区有两个野生小种群的地步。袋食蚁兽只能生活在古老的森林中，那里有许多古树和倒下的枯木，它在其中寻找能栖身的树洞并在里面抚养幼崽儿，同时还能捕捉白蚁，那是它唯一的食物。它的皮毛厚实，呈红褐色或灰褐色，背部和臀部有4 ~ 11条白色条纹。它的吻部很薄，眼睛大，耳朵呈椭圆形。它的爪子又长又锋利，可以伸到蚁丘里钩出白蚁，加上可以伸出10厘米长的黏性细舌，白蚁便被吃进肚子里了。

体长：17.5 ~ 29厘米，尾长12 ~ 21厘米

体重：300 ~ 752克

分布：澳大利亚西部

每只袋食蚁兽身体上的白色条纹数量和分布都是不一样的。

13 29厘米

袋獾的牙齿噬
力极强，可以
咬碎骨头。

14. 袋獾（*Sarcophilus harrisii*）EN

袋獾也被称为"塔斯马尼亚恶魔"，它是一种健硕的有袋类食肉动物，有着黑色的皮毛，有些个体的胸部长有白色带状斑纹。它的吻部、耳朵内侧、眼周和脚是灰粉色的。虽然它是一种强大的捕食者，却乐于吃腐肉，包括骨头和皮毛。从它的别名可以看出，它是一种少有人喜欢的动物，既因为它会攻击家养动物，还因为它不讨喜的外表和争夺食物时发出的臭味。过去，它曾遍布整个澳大利亚，如今只在塔斯马尼亚岛上才能找到其踪迹。人们正在考虑是否启动一项将其重新引入澳大利亚大陆的计划。

体长：52 ~ 80厘米，尾长20 ~ 30厘米

体重：雄性5.5 ~ 12千克，雌性4 ~ 8千克

分布：塔斯马尼亚岛（澳大利亚）

14　80厘米

斑尾袋鼬幼崽儿出
生时只有1厘米长，
要在妈妈的育儿袋
中待12个月。

15. 斑尾袋鼬（*Dasyurus maculatus*）NT

斑尾袋鼬又名"斑尾虎鼬"，但它既不是猫的亲戚，也不是老虎的亲戚，它是澳大利亚动物圈中的主要掠食者。它的体色为暗棕红色，全身分布着白色圆斑，斑点也延伸到长尾巴上（这是区别于其他袋鼬类动物的特征）。它栖息在茂密的灌木丛内，白天在位于岩石缝隙或空心树干内的窝里休息，傍晚外出捕食，无论是天上飞的还是地上跑的中小型哺乳动物和鸟类都是它的猎物。

体长：雄性38 ~ 76厘米，雌性35 ~ 45厘米，尾长34 ~ 55厘米

体重：1.5 ~ 7千克

分布：澳大利亚东南部和塔斯马尼亚岛

15　76厘米

16. 塔斯马尼亚袋熊（*Vombatus ursinus*）

塔斯马尼亚袋熊看起来像一只有趣的泰迪熊，它的毛发蓬松，头大，身体粗壮，腿短，脚上长着坚固的趾甲，擅长挖掘。它的眼睛非常小，鼻子无毛。它栖息在森林、沼泽、丘陵斜坡等土壤松软且便于挖洞的地方，巢穴内有数个房间。白天它待在里面休息，夜间离巢外出吃草，食物包括青草、灯芯草和苔藓。

体长：70 ~ 110厘米，尾长2.5厘米

体重：20 ~ 35千克

分布：澳大利亚东南部，塔斯马尼亚岛

16
110厘米

待在巢穴内时，塔斯马尼亚袋熊会背对出口。它厚密的毛发可以保护它免受捕猎者的侵害。

与挖掘类有袋动物一样，袋熊的育儿袋也朝后开，这样在挖洞时就能避免幼崽儿掉落出来。

兔耳袋狸育儿袋的开口是朝向身体后方的。

17. 兔耳袋狸（*Macrotis lagotis*）**VU**

兔耳袋狸是一种栖息在澳大利亚干旱及沙漠地带的小型有袋类动物。它长相奇特，吻部长，鼻子呈红色、无毛，还有一对酷似兔耳的长耳朵。它会在其领地内挖掘十几个地下深洞，不仅白天在里面休息，遇到危险时也会藏在里面。它的洞穴也是许多其他动物的庇护所，动物学家统计过有45种动物使用它的洞穴。它夜间出洞觅食，先用长鼻子四处嗅探，再用尖利的趾甲挖出土中的昆虫幼虫、白蚁和其他小动物，以及鳞茎和树根。

体长：雄性30 ~ 55厘米，雌性29 ~ 39厘米，尾长20 ~ 29厘米

体重：雄性800 ~ 2500克，雌性600 ~ 1100克

分布：澳大利亚中西部

17
55厘米

普通环尾袋貂的尾巴既使不钩住树枝，也会卷起来形成环状，它的名字也由此而来。

树袋熊幼崽儿要在育儿袋中待7个月才会出来，然后它会趴在母亲的背上了解这个世界。

18.普通环尾袋貂（*Pseudocheirus peregrinus*）

普通环尾袋貂是一种夜行性有袋类动物。它生活在茂密的灌木丛中，脚底长有褶皱，尾巴可以卷曲，有助于攀爬树木。它的主要食物是桉树叶。这种动物以家庭为单位群居，由1只雄性、1~2只雌性和它们的后代组成，它们会保卫领地，并用腺体分泌的特殊物质做标记。它的巢穴修建在树杈处，用树皮、树枝和蕨类植物建成。

体长：30~35厘米，尾长30~35厘米

体重：500~1000克

分布：澳大利亚大陆和塔斯马尼亚岛

19.树袋熊（*Phascolarctos cinereus*）**VU**

树袋熊是一种树栖有袋动物，依靠桉树林获取食物和庇护。它圆圆的脑袋上有一双小眼睛，大耳朵上有白色饰毛，鼻子无毛、呈勺子状，这些特点让人印象深刻。树袋熊被毛浓密，毛茸茸的身体呈灰色或浅褐色，下巴、胸部和手臂内侧皆为白色。它的育儿袋开口朝后。它的食物几乎全部是桉树叶，这种树叶实际上是有毒的，只有特殊的消化系统才能消化这些树叶。此外，桉树叶营养价值很低，这便是树袋熊移动缓慢、大部分时间都在睡觉的原因，它可以20个小时不活动。

体长：60~85厘米

体重：4~15千克

分布：澳大利亚东部

35厘米

85厘米

奇怪的卵生哺乳动物

单孔目动物是一种长相奇特的哺乳动物，它们的习性也很特殊。首先，它们不像其他哺乳动物那样直接产下幼崽儿，而像爬行动物那样产下软壳蛋，蛋必须经过孵化才能发育成胚胎。其次，它们没有乳头，乳汁直接从分布在皮肤上的乳腺分泌，幼崽儿舔乳腺区的毛就能喝到奶。单孔目动物没有牙齿，眼睛小，耳朵没有外耳郭，四肢长在身体的侧面。总而言之，它们被认为是保留了原始特征的低等哺乳动物，很多特点与爬行动物相似。这类哺乳动物总共只有5种且2种已经灭绝，它们仅分布在澳大利亚大陆和新几内亚岛。

20. 鸭嘴兽（*Ornithorhynchus anatinus*）NT

当欧洲动物学家第一次见到鸭嘴兽的标本时，以为是几种动物拼接而成的。鸭嘴兽身体滚圆，身披厚密的短毛，嘴巴酷似鸭嘴，尾巴扁平像舵，四肢很短，趾间有薄膜似的蹼。它是一种半水生动物，栖息在不太深的河流中，平时独来独往。雄性的后腿上有一根空心的刺，与毒腺连接。雌性没有育儿袋，通常一次产2枚卵，卵产在巢穴长隧道的尽头，那里铺满了树叶。刚出壳的小鸭嘴兽会用舌头舔舐母亲腹部乳腺区分泌的乳汁，哺乳期为4~5个月。

体长：30~48厘米，尾长12厘米

体重：700~2400克

分布：澳大利亚东部和塔斯马尼亚岛

雌性鸭嘴兽会卷起尾巴，把蛋放在尾巴和腹部之间孵化10天。

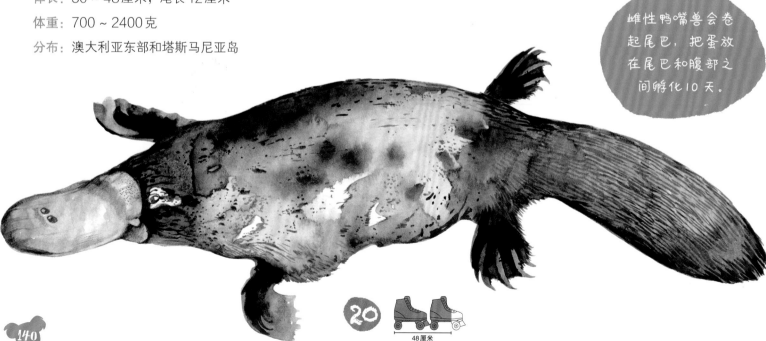

20

48厘米

21. 长吻针鼹（*Zaglossus bruijnii*）**CR**

长吻针鼹分布于新几内亚岛。这是一种鲜为人知的动物，仅栖息在最偏远的山林中心地带。它长着管状的鼻子，占据头部的2/3，鼻子呈圆柱形，略微向后弯曲。它的长舌头主要用来捕捉蚯蚓、蚂蚁和白蚁。厚密的毛呈棕色或黑色，在很大程度上隐藏了背部白色的针刺。它的脚上有3根或4根强有力脚趾，后脚上的脚趾往外翻。雌性一次只产1枚卵，并在腹部的临时育儿袋内育儿，小针鼹会在里面待上4～5个星期，直到长出针刺。

体长：45～80厘米　体重：5～16.5千克

分布：新几内亚岛

雄性长吻针鼹的后腿上有1根无毒的刺。

21

80厘米

22. 短吻针鼹（*Tachygolsssus aculeatus*）

覆盖全身和吻部的细长管状针刺是短吻针鼹最明显的特征。它的身体紧实，腿短，前腿特别健壮，趾甲尖利，善于挖土。它的吻部无毛，张着嘴只是为了让黏黏的舌头伸出来，以捕捉蚂蚁和白蚁。雌性一次只产1枚卵，在腹部皮肤褶皱处的临时育儿袋内孵化。大约孵化7周后，小短吻针鼹就会从育儿袋中出来，此时它的针刺已经长得足够长，可以离开育儿袋跟着妈妈生活，针鼹妈妈会继续喂养幼崽儿直到它6个月大。

体长：30～45厘米，尾长3～5厘米

体重：2～7千克

分布：澳大利亚大陆、塔斯马尼亚岛、新几内亚岛

短吻针鼹的舌头可以在1分钟内朝内朝外翻动数次。

22

45厘米

家养哺乳动物

在家中，在户外，与我们相伴

　　长期以来，人类一直将其他哺乳动物视为可开发的资源或者避之不及的危险。人类猎杀它们以使用其肉、皮毛和身体其他部位，并保护自己不要成为猛兽的盘中餐。大约1.2万年前，当人类形成第一个定居地并开始耕种土地和储存粮食后，人们逐渐认识到，一些动物并不那么野性，可以将它们饲养在村庄内，利用它们的长处为人服务。随着时间的推移，这些动物的行为和外表发生了变化，因为人们可以通过选育将这些动物最有用的特征培养出来。今天，许多家畜都是为了满足人们的物质需求而被养殖的，比如为人们提供肉、奶、皮毛等。人类和动物之间还发展出一些更紧密的关系，比如家养宠物，饲养它们不是为了获取物质，而是为了获得与之相处的乐趣。狗和猫便是许多人日常生活中的亲密伙伴。

狗：忠诚的朋友

人和狗的关系历史悠久。一切可能都始于一些在人类居所周围徘徊的狼群。因为狼会捡拾骨头和剩菜，人们意识到它们的存在有助于震慑其他掠食动物，并用它们的行为发出危险的信号。慢慢地，人与狗的羁绊越来越深了。经过了几个世纪，对第一批狼的后代的驯化已经深刻地改变了它们的外貌。大量品种被选育出来，它们最初只是守卫房屋和羊群，并帮助猎人狩猎，而今天已知的犬种已达500个，它们无论在大小、外貌和性格上都大不相同。本页介绍的只是一小部分犬种，我们不能忽视杂交犬的存在，因为它们为人类提供的感情和陪伴并不逊于纯种犬。

边境牧羊犬

这是一种中型犬，原产于英格兰和苏格兰交界的边境地区。它是牧羊犬，能保卫和引导羊群。它的智商极高、性格亲人，如今也常作为伴侣犬陪伴人们。

圣伯纳犬

这种充满力量、比例匀称且轮廓丰满的犬种，是因为圣伯纳修道院而得名的。那是一座位于意大利和瑞士边境的修道院，修道士饲养圣伯纳犬以守护穿越阿尔卑斯山的旅客，圣伯纳犬会前往山里营救在雪中迷路或被雪崩掩埋的失踪人员。它性格温驯、充满爱心，但需要住在开放的空间，还要有宽敞的活动场地。

德国牧羊犬

　　德国牧羊犬虽然长得像狼，但二者的毛色并不相同，事实上，人们经常称其为"狼狗"。它原本是一种牧羊犬，今天则被用于许多领域，比如警犬、缉毒犬和导盲犬。

祖先

　　所有狗的祖先都是狼（*Canis lupus*）。相关信息请查阅第44～45页。

杂交犬

　　杂交犬是由不同品种的犬杂交而成，其混血过程也许会经历数代。因此，这种犬在大小、外貌和颜色上差异较大。绝大部分与人生活在一起的家犬都是杂交犬。

阿富汗猎犬

　　阿富汗猎犬是一种苗条的犬，腿格外细长，行进速度极快。阿富汗猎犬以长而柔软，像斗篷一般覆盖背部、臀部和四肢的毛发而闻名，它的外观高贵且优雅。

腊肠犬

　　腊肠犬是一种腿短、躯干长的矮个子犬。它原产于德国，最初用于猎杀獾和狐狸，它会尽职地追逐猎物到其巢穴。

猫：非常独立的陪伴者

　　和狗一样，猫是另一种陪伴人类的哺乳动物，它现在是数百万人的生活伴侣。猫与人类的关系始于大约1万年前的土耳其和埃及之间的地区。野猫虽然非常警惕，但是会因为粮仓周围有很多老鼠而接近人类村庄。当人们认识到它的价值后，便试图通过提供食物与之建立稳定的关系。在5000年前的古埃及，猫被视为神圣的存在，人们在许多坟墓中都发现了猫的木乃伊和被描绘成猫头人身的巴斯特女神。猫被人类带上船只，以便捕捉船舱里的老鼠，并因此迅速遍布地中海周围的国家。如今，猫是许多人的家中常客，与人类建立了深厚的情谊，不过猫仍保留着特立独行的习性。猫的品种至今已有上百个，且数量正在快速增加，因为饲养者总在不断地选育新品种。

波斯猫

　　这种猫完全由人工选育。它的外表圆胖，体形大，四肢短而直。它的显著特点是柔软的长毛，圆润的脑袋，小巧的耳朵以及扁平的鼻子。

阿比西尼亚猫

　　这种猫原产于非洲的埃塞俄比亚，有很多特点与古埃及猫相似。它身材苗条，尾巴又细又长，体色为漂亮的黄褐色或是深灰色。它的眼睛呈椭圆形，虹膜为金黄色、绿色或淡褐色。

挪威森林猫

　　这种猫原产于北欧，是一种体格健硕、肌肉发达的猫，习惯在户外生活，擅长攀岩。它的体毛厚实，长有花斑，毛发长且飘逸，非常适合生活在寒冷的环境中。

暹罗猫

暹罗猫是一种体态非常优雅的猫，头小、呈三角形，有着大大的尖耳朵，杏仁状的蓝色眼睛。它的体毛很短，体色为乳白色，鼻子、耳朵、四肢和尾巴颜色较深，一般为棕色或黑色。

祖先

家猫的祖先是非洲野猫（*Feli silvestris lybica*）。相关信息请查阅第88页。

日本短尾猫

这个古老的日本品种的特点是拥有非常短的尾巴，尾毛浓密。它的毛光滑如丝，最受欢迎的是三色短尾猫或白毛较多的猫。象征兴旺发达的招财猫便是基于它的形象绘制而成的。

欧洲短毛猫

这种猫几乎遍布整个欧洲，它是埃及猫的后裔，在数千年前随着船队抵达欧洲，并与野猫反复杂交。它体格健壮，肌肉发达，长着圆脸和圆眼睛。它的毛色和眼睛颜色多样，被毛通常带虎斑，并有明显的条纹。

马：工作和娱乐的伙伴

　　驯化马属动物（马和驴）是人类文明发展的基石。过去，野马是东欧和中亚广阔草原上数量最多的大型哺乳动物，人类为了获得它的肉和皮对其进行猎杀。同样也是在这些地方发现了最早驯化的证据，时间可以追溯到约5000年前。马可能首先被捕获并关在围栏中以供肉食，但很快它们就被用作坐骑，再后来又被用于搬运货物和拉车。随着时间的推移，马的许多品种已经分化，并且各具特色：力量型的被用于拉车和犁地，速度型的被用于狩猎和战争，跳跃型的会参与体育赛事。今天，已知的马种有大约300个。驴则是在埃及被首次驯化的，它的体形比马略小一些，体格健壮，吃苦耐劳，但不太温驯，主要用作驮畜，帮助人类运输重物。

祖先

　　家驴的祖先是非洲野驴（*Equus africanus*），相关信息请查阅第72页。

普瓦图驴

　　这种驴原产于法国西部，体形大且强壮，毛发很长且蓬松，头部巨大并长有毛茸茸的大耳朵。

成功的杂交动物

　　骡子是公驴和母马的杂交后代。它是一种比驴更健壮、体形更大，比马力量更大、耐力更强的动物，特别适合驮载重物，即使在山区小道上驮着重物也能轻松前行。

阿米亚塔驴

　　这是一种极大地保留了原始野生物种形态的驴，从体色、四肢上的斑马纹，以及背上的黑色条纹就能看出来。它原产于意大利托斯卡纳，主要用作驮畜。

夏尔马

在没有拖拉机和卡车的年代，农业耕种和拉车的工作主要依靠强壮且高大的马来完成。起源于英国的夏尔马便是其中一种，这类马被统一称为"挽用马"。它的典型特征是四肢下半部分呈白色，并长有浓密的毛发。

祖先

我们不知道家马的祖先到底是谁。血缘最接近的野生亲戚是普氏野马（*Equus feus przelawskii*）。相关信息请查阅第115页。

重获自由

如今，世界的不同地方，有不少马在野外自由地生活着，它们其实并非野马，而是家马放归野外后的产物。最著名的当数北美洲的野马。它们是印第安人、美洲开拓者或骑兵、逃离主人或被主人遗弃的马的后代。在野外的生活令它们重新获得无须依靠人类即可生存的能力，并开始成群结队地在草原上自由地奔跑。

阿拉伯马

阿拉伯马是一种古老的马种，由阿拉伯半岛的贝都因人饲养，沙漠上游牧民族的战士需要速度迅捷、耐力持久且性格坚毅的坐骑。选育出的阿拉伯马，警觉性高、体态优雅、性格温驯。它的皮肤较薄，肌肉发达，被毛柔软且有光泽，体色为灰骝色、栗色、灰色或黑色。

牛：奶和肉的供给者

　　牛是最晚被人类驯化的大型哺乳动物，大约8000年前它们就被称为"家畜"了。它们的野生祖先原牛是一种巨大且攻击性很强的动物，要使它的后代变得温驯，对史前人类来说当然不是一件容易的事。所以，当牛被成功驯化后，它变得十分珍贵，因为它既提供了牛奶，让人们可以制作黄油和奶酪等衍生品，还是农业生产的辅助工具——耕地和犁田，甚至还能提供皮革和肥料。如今，与马一样，牛作为动力来源已经很大程度上被机械所代替，对牛的选育更多集中在产奶或产肉方面。牛（*Bos primigenius taurus*）并非唯一的家畜。在本书中，你会认识大约6000年前被中国人驯化的水牛，以及在青藏高原养殖的牦牛（详见第112页），它既是奶牛也是驮畜。

得克萨斯长角牛

　　这种牛的特点是长着很长的角，它是西班牙殖民者带到美洲大陆的牛的后代。它的身上有许多斑块，性情温驯，是牛仔的坐骑。

祖先

　　家牛被认为是欧洲原牛（*Bos primigenius*）的后代。原牛是一种体格强壮、体毛呈灰色或黑色、长着长角的牛，曾经广泛分布于欧洲和小亚细亚的森林中。最后一只原牛于1627年在波兰去世。从1930年起，德国动物学家赫克兄弟决定让原牛"重生"，把具有不同原始特征的牛回交。其结果是杂交后的牛具备了许多原牛的特征：雄性体色为黑色，雌性体色为麂皮色，背部线条清晰，牛角向前弯曲。这种牛被称为"赫克牛"，如今野化后生活在欧洲一些自然保护区内。

水牛

家养水牛（*Bubalus bubalis*）是整个南亚最常见的牛，它们是在稻田里耕作的工作动物，还为人类提供牛奶和牛肉。在欧洲，它们主要被用作产奶，从而获得制造优质奶酪的原料，像马苏里拉奶酪就是水牛奶制作而成的。

祖先

家养水牛的祖先是野水牛（*Bubalus arnee*）。相关信息请参阅第109页。

安格斯牛

安格斯牛的肉是受欢迎的牛肉之一。它的肌肉发达，四肢较短，体色为黑色，无角。

荷斯坦牛

这是最出名也最普遍的奶牛品种。它原产于荷兰，如今多个国家皆有养殖。它的身上长有黑白花纹，角短，且经常被养殖者割掉。

绵羊和山羊：羊毛和羊奶的供给者

绵羊和山羊是继狗之后第二类被史前人类驯化的动物。人类驯化绵羊和山羊最早可以追溯到大约1万年前，可能同时发生在亚洲和中东的多个地方。今天，它们的后代不计其数，遍布世界各个角落。大部分被饲养的绵羊是为人类提供羊毛、羊奶和羊肉的，但在过去的几个世纪里，也有一些专门选育的品种，仅用于供应羊毛或羊奶，尤其是制作奶酪用的羊奶。而山羊则以能在山区和贫瘠土地上生存的能力见长，人类为了获得羊奶而饲养山羊，也有少数品种可以为人类提供羊毛。

多角绵羊

英国古老的绵羊品种，其特点是毛色杂，且无论雌雄皆有4个甚至6个羊角。

拉科纳羊

这种羊原产于法国，因其产奶量高而备受欢迎，用其羊奶做的奶酪非常优质。它的头较小，毛短，没有角，耳朵短且往水平方向长。

美利奴羊

美利奴羊是最著名也最珍贵的产毛品种。它原产于西班牙，其养殖权握在贵族手中长达数个世纪，出口该品种的人会受到死刑惩罚。今天，很多国家都在养殖这种羊。它的毛雪白、蓬松，雄性长有螺旋形的角。

祖先

绵羊的祖先是欧洲盘羊（ *Ovis orientalis musimon* ）。相关信息请查阅第39页。

祖先

野山羊（*Capra aegagrus*）是家山羊的祖先，广泛分布于西亚，从伊朗到土耳其皆有其踪迹。它的体长大约1.5米，体重60千克，被毛呈棕色，侧面较浅，颈部和头部渐变为黑色，腹部为白色，蹄子为黑白色。它栖息在山坡上，善于在岩石上敏捷地移动，以草本植物和灌木的叶子为食。雌雄都有浓密的胡须，都长有角。成年雄性的角会弯曲成半圆形，长度可达1米，而雌性的角很少有超过30厘米的。

矮山羊

尽管也被称为"藏山羊"，但其实矮山羊原产非洲。它的个头小且活泼，体色多变，经常被当作陪伴羊或教学羊饲养。

安哥拉山羊

安哥拉山羊是一种非常古老的土耳其原始品种。它的毛又长又白又细，这种精细的羊毛也被称为"马海毛"。雄性长有向水平方向延伸的螺旋长角。

阿尔卑斯山羊

这种羊的外貌与鹿酷似，体形中等，原产于瑞士，主要在阿尔卑斯山周边国家养殖，用于产奶。

猪和兔：不只是肉和火腿

对于农民来说，猪一直是非常重要的资源。用厨余剩菜喂食的猪能提供丰富的肉和脂肪。我们从史前证据得知，这种动物几乎在同一时间在不同地方被驯化——大约9000年前的中东（今土耳其）、中国和东南亚的史前人类将野猪或其他野生猪类圈养起来驯化。如今，全世界大约有10亿头猪在户外放养或在大型集约化设施中饲养。兔子的驯化可能稍晚一些，大约在2500年前。野兔最初是被猎杀的对象，后来人类尝试把它们圈养起来以获取稳定的兔肉供应。如今，人们已经选育出长着像绵羊一样蓬松长毛的安哥拉兔，用它的毛制成的毛线十分昂贵。还有一些特殊品种的兔子，因为体形袖珍而成为人类的宠物。

祖先

兔子的祖先是穴兔（*Oryctolagus cuniculus*）。相关信息请查阅第38页。

安哥拉兔

安哥拉兔是被人工选育出来的产毛兔。中等大小，毛长且柔软，最长可达8厘米。它有多种体色，但最受欢迎的是白色。

花巨兔

花巨兔是一种大型兔子，体重可达6千克，皮毛厚实柔软，在臀部、吻部、眼周上有黑色斑点，背上有一条黑纹，耳朵为黑色。

垂耳兔

这是一种培育出来饲养在室内的迷你宠物兔。它的耳朵是垂下来的，无法像其他兔子那样竖起来或摇动。

祖先

猪的祖先是野猪（见上图）。相关信息请查阅第26页。

意大利猪

古老的意大利猪原产于托斯卡纳。它非常强壮且结实，被放养在户外，以栗子、橡子和地中海灌木的果实为食。它的体色为黑色，一条白色宽纹围绕身体并覆盖前腿。

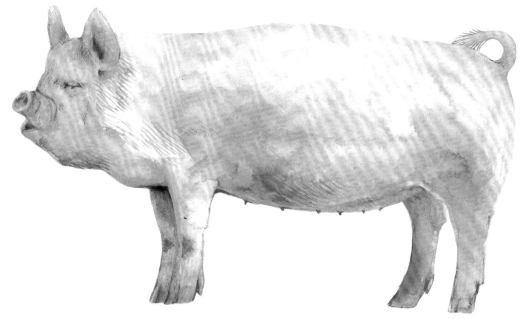

中白猪

这种猪原产于英国，是被选育出来专门室内饲养的典型品种，能够获得很高的出肉率和出油率。它的皮肤呈粉红色，口鼻处短且扁平。

曼加利察猪

因为全身长着酷似羊毛的毛，曼加利察猪也被称为"绵羊猪"。它原产于匈牙利，出油率高，且肉质非常鲜美。

作者简介

[意] 切萨雷·德拉皮耶塔

充满热情的鸟类学家和摄影师，毕业于古典文学专业，1985年开始从教，有多年教学经验，之后致力于自然科学的传播。曾在月刊《水、森林和白鹭》编辑部工作18年，先后担任第一助理主任、科学顾问和首席编辑职务。长期从事科普写作，翻译过数本自然、环境和动物书籍。他是多个自然协会的成员，经常受邀担任各种鸟类相关会议及课程的主讲。其著作有《带翅膀的花园》《房屋周围吸引鸟类的巢穴、食物和水》《那些夜晚》《猫头鹰和鸦》《山地鸟类：形态、运动和栖息地》等。

绘者简介

[意] 玛格丽塔·博林

在姐姐爱丽丝的启蒙之下，玛格丽塔·博林开始了她的绘画之路。她怀抱着对绘画的热情，进入艺术类高中学习，毕业后考入威尼斯美术学院就读绘画专业，并于2012年毕业。在艺术探索之旅中，她尝试将不同的绘画技巧结合使用，创作水彩画、蛋彩画，以及用粉彩在石墨纸上作画。由于对插画艺术的兴趣日渐浓厚，她于2013年参加了米格尔·坦科在米兰开办的专门课程。她曾为意大利、美国、澳大利亚和英国的数家出版社绘制动物类和自然类儿童绘本。现居意大利西西里岛。

审校者简介

王传齐

国家动物博物馆科普主管、科普讲师。自幼热爱动植物，亲近大自然，并饲养、种植过多种动植物，有着丰富的实践经验；在日本留学旅居六年。在国家动物博物馆从事一线科普教育工作，负责科普活动的策划与实施。担任央视《正大综艺—动物来啦》《科学动物园》《跟着书本去旅行》《大风车》《远方的家》，北京卫视《博物馆之城》等科普节目的嘉宾，参与翻译、审校科普书籍多部，录制和审校科普视频百余条。

版权登记号：01-2023-3224

图书在版编目（CIP）数据

哺乳动物 /（意）切萨雷·德拉皮耶塔著；（意）玛格丽塔·博林绘；申倩译. -- 北京：现代出版社，2023.7
（自然秘境大图鉴）
ISBN 978-7-5231-0185-8

I. ①哺… II. ①切… ②玛… ③申… III. ①哺乳动物纲—儿童读物 IV. ①Q959.8-49

中国国家版本馆CIP数据核字（2023）第033550号

Original title: Mammiferi del mondo
Text: CESARE DELLA PIETÀ
Illustrator: MARGHERITA BORIN
© Copyright 2021 Snake SA, Switzerland—World Rights
Published by Snake SA, Switzerland with the brand NuiNui
© Copyright of this edition: Modern Press Co., Ltd.
本书中文简体版专有出版权经由中华版权代理有限公司授予现代出版社有限公司

自然秘境大图鉴：哺乳动物

作　　者	[意] 切萨雷·德拉皮耶塔	电　话	010-64267325　64245264（传真）
绘　　者	[意] 玛格丽塔·博林	网　址	www.1980xd.com
译　　者	申倩	印　刷	北京飞帆印刷有限公司
责任编辑	李昂　滕明	开　本	787mm×1092mm　1/8
美术编辑	袁涛	字　数	176千字
封面设计	刘璐	印　张	20
出版发行	现代出版社	版　次	2023年7月第1版　2023年7月第1次印刷
通信地址	北京市安定门外安华里504号	书　号	ISBN 978-7-5231-0185-8
邮政编码	100011	定　价	108.00元